中等职业教育国家规划教材
全国中等职业教育教材审定委员会审定

制 冷 原 理

（制冷和空调设备运用与维修专业）

主　　编　田国庆
参　　编　闵剑青　方应国　李　浙
责任主审　匡奕珍
审　　稿　魏　蔚

机械工业出版社

本书主要介绍了人工制冷的基本原理和方法。重点介绍了制冷剂、载冷剂的特性及蒸气压缩式制冷、吸收式制冷的工作原理和热力性能分析。书中还介绍了热电制冷、蒸汽喷射式、空气压缩式和混合制冷剂制冷循环等制冷工作原理。

本书可供中等职业学校制冷空调专业作为专业课教材使用，也可供制冷空调技工和管理人员、技术人员学习和参考。

图书在版编目（CIP）数据

制冷原理/田国庆主编．—北京：机械工业出版社，2002.7（2025.8重印）

中等职业教育国家规划教材．制冷和空调设备运用与维修专业

ISBN 978-7-111-10541-1

Ⅰ．制… Ⅱ．田… Ⅲ．制冷—原理—专业学校—教材 Ⅳ．TB61

中国版本图书馆 CIP 数据核字（2002）第 050651 号

机械工业出版社（北京市百万庄大街22号 邮政编码 100037）
责任编辑：汪光灿 王世刚 宋学敏 版式设计：冉晓华
责任校对：刘秀芝 封面设计：姚 毅 责任印制：常天培
河北虎彩印刷有限公司印刷
2025年8月第1版第18次印刷
184mm×260mm·8.75 印张·212 千字
标准书号：ISBN 978-7-111-10541-1
定价：32.00元

电话服务	网络服务
客服电话：010-88361066	机 工 官 网：www.cmpbook.com
010-88379833	机 工 官 博：weibo.com/cmp1952
010-68326294	金 书 网：www.golden-book.com
封底无防伪标均为盗版	机工教育服务网：www.cmpedu.com

前 言

随着我国经济的发展和人民生活水平的提高,制冷行业也获得了迅猛的发展。国家制定了 21 世纪中职发展规划,为此,我们编写了中职制冷空调专业《制冷原理》一书,供制冷空调专业的中职、高职和大专院校学生学习和参考。

本书重点介绍了制冷剂、载冷剂特性及蒸气压缩式制冷、吸收式制冷工作原理和热力性能分析。本书还介绍了热电制冷、蒸汽喷射式、空气压缩式和混合制冷剂制冷循环等制冷工作原理。

本书的编写分工是:浙江树人大学田国庆高级讲师(绪论,第三章,第四章第一、二、三节);浙江树人大学闵剑青讲师(第二章,第五章第一、二、三节);浙江树人大学方应国讲师(第一章,第六章第一、二、四节);浙江舟山海洋渔业公司李浙工程师(第四章第四、五节,第五章第四节,第六章第三节)。全书由主编田国庆审阅并修改定稿。

由于作者的业务水平和实践经验所限,书中不足之处在所难免,恳请同行专家和读者批评指正。

作者在编写本书过程中,参阅了国内外有关的专业书籍、文献资料,均在书后列出了参考文献,特向有关作者致谢,如有疏漏,望能谅解。

作者

目　录

前言
绪论 …………………………………………… 1
第一章　制冷剂与载冷剂 …………………… 4
　第一节　制冷剂的分类、命名和选择要求 …… 4
　第二节　常用制冷剂的性质 ………………… 7
　第三节　载冷剂 ……………………………… 16
第二章　单级蒸气压缩制冷理论循环 ……… 25
　第一节　单级压缩制冷系统的
　　　　　组成和工作过程 ………………… 25
　第二节　单级蒸气压缩式制冷理想循环 … 27
　第三节　单级蒸气压缩式制冷理论循环 … 30
第三章　单级蒸气压缩式制冷
　　　　实际循环 …………………………… 37
　第一节　实际制冷循环过程 ………………… 37
　第二节　液体过冷、吸气过热及回热循环 … 44
　第三节　冷凝、蒸发温度变化对
　　　　　制冷循环的影响 ………………… 49
　第四节　单级蒸气压缩式制冷实际
　　　　　循环的热力计算 ………………… 54
第四章　多级蒸气压缩式及
　　　　复叠式制冷循环 …………………… 60
　第一节　采用多级蒸气压缩式制
　　　　　冷循环的必要性 ………………… 60
　第二节　两级蒸气压缩式制冷循环 ………… 61
　第三节　两级蒸气压缩式制冷
　　　　　循环的热力计算 ………………… 69
　第四节　三级蒸气压缩式制冷循环 ………… 77
　第五节　复叠式制冷循环 …………………… 79
第五章　吸收式制冷循环 …………………… 84
　第一节　概述 ………………………………… 84
　第二节　溴化锂水溶液的性质 ……………… 86
　第三节　溴化锂吸收式制冷原理 …………… 94
　第四节　单级氨水吸收式制冷机的循环 …… 106
第六章　其他制冷方式简介 ………………… 109
　第一节　热电制冷 …………………………… 109
　第二节　蒸汽喷射式制冷循环 ……………… 110
　第三节　空气压缩式制冷循环 ……………… 114
　第四节　混合制冷剂制冷循环 ……………… 117
附录　制冷剂的热力性质表 ………………… 122
　附表1　R717饱和液体及饱和
　　　　蒸气热力性质表 …………………… 122
　附表2　R12饱和液体及饱和
　　　　蒸气热力性质表 …………………… 124
　附表3　R22饱和液体及饱和
　　　　蒸气热力性质表 …………………… 126
　附图1　NH_3的过热蒸气区的p-h图 …… 128
　附图2　R12的过热蒸气区的p-h图 …… 129
　附图3　R22的过热蒸气区的p-h图 …… 129
　附图4　R12的p-h图 …………………… 130
　附图5　R22的p-h图 …………………… 131
　附图6　NH_3-H_2O溶液h-ξ图 ………… 132
　附图7　$LiBr$-H_2O溶液h-ξ图 ………… 133
参考文献 ……………………………………… 134

绪 论

制冷技术是由于社会生产和人民生活的需要而产生和发展的。它的发展又促进了社会生产和科学技术的进步。

一、人工制冷及基本方法

工程技术上的人工制冷，就是利用一定的装置(制冷装置)，消耗一定的能源，强制地使某一对象(空间或物体)的温度，低于周围环境介质的温度，并维持这个低温的过程。

根据制冷产生的低温环境温度的不同，制冷技术大体可划分为以下三类：

1) 常规制冷。环境温度以下至119.8K(-153.35℃，氪Kr的标准沸点)。一般生产和日常生活用制冷都属于常规制冷范畴。需要说明的是，在常规制冷范畴内，人们习惯上仍将应用于气体液化、分离等的制冷技术称为深度制冷(简称深冷)，而将应用于食品冷加工、空调制冷、某些生产工艺用冷习惯上称为普通制冷(简称普冷)。

2) 低温制冷。从119.8K至4.23K(-268.92℃，氦He的标准沸点称为低温制冷)。

3) 超低温制冷。从4.23K到接近绝对零度称为超低温制冷。

人工制冷的方法有很多，总体上讲主要有物理方法和化学方法两类。普冷技术范围内主要应用物理制冷的方法，有相变制冷、气体膨胀制冷、热电制冷等，其中相变制冷是应用最广泛的一种制冷方法。

相变制冷是利用物质由液相变为气相时的吸热效应来获取冷量的。例如，在标准大气压下，1kg液氨气化时可吸收1370kJ的热量，且气化温度低达-33.4℃。压力的变化对工质的气化温度影响很大，如果将压力降为0.87kPa，水在5℃下即可沸腾，吸收2489kJ/kg的热量。由此可见，只要选择合适的物质，创造一定的气化条件，就可获得不同的低温并吸收不同的热量。

相变制冷根据补偿过程的不同，它又可分为蒸气压缩式、吸收式、蒸气喷射式、吸附式四种制冷方式，其中又以蒸气压缩式应用最为普遍，本书将予以重点介绍。

气体膨胀制冷是基于压缩气体的绝热节流效应或压缩气体的绝热膨胀效应，从而获得低温气流来制取冷量的制冷技术。气体膨胀制冷根据使用的设备不同，表现出气体膨胀时的不同特性。通过节流装置来实现的称为气体绝热节流效应；通过膨胀机实现的称为气体等熵膨胀效应。两者都在制冷技术中有应用，它们的选择将依具体工程的实际情况而定。

热电制冷又称温差电制冷或半导体制冷。它是利用珀尔帖效应的原理来达到制冷目的的一种制冷技术。如果把两种不同的材料彼此连接起来，另一端接上直流电源，则一端将会产生吸热(制冷)效应，另一端产生放热效应。

上述几种基本的制冷方法，都是逆向循环的应用。工程上还有另一种逆向循环，即热泵循环，应用也很普及。热泵循环是以环境介质作为低温热源，并从中获取热量，将其转移给高于环境温度的加热系统(高温热源)的逆向循环。它的循环工作区间的温度和获得能量的目的与制冷不同，其循环的形式、原理与制冷是相同的，使用的设备和工质也相近。热泵循环一般应用于小型水加热器、全年运行的空调机组和采暖热泵、供热及热回收热泵、供热-制冷热泵等。

二、制冷技术的发展及其应用

早在三千多年前，人类就将冬季自然界的天然冰雪，贮藏在冰窖内保存到夏季使用。但真正机械制冷方法的运用是近一百多年的事。世界上第一台制冷机是1834年美国人珀尔金斯（Perkins）试制成功的，是由人力转动的采用乙醚为工质的制冷机。1844年约翰·高里（John Gorrie）试做了用空气作为工质的封闭循环制冷机。卡尔·林德（Carl Linde）于1875年提出了氨蒸气压缩式制冷机，使制冷技术发展进入了一个新阶段，是举世公认的制冷机始祖。我国制冷技术的发展起步较晚，但发展很快。1954年造出了第一台制冷机，经过短短几十年的发展，某些领域已达到或接近国际先进水平。例如气体轴承透平膨胀机的研制，液氦温区脉管制冷机理的研究均达到了较为先进的水平。某些制冷空调生产企业已跻身于世界大型制冷空调产品生产企业，其产品不但在国内拥有巨大的市场，而且还打入欧美等国外市场。

随着科学技术的不断发展，制冷技术已广泛地被应用于工业生产过程、食品加工与贮运、医疗卫生、文化体育及日常生活等国民经济和人类生活的各个领域中。

工业生产过程中制冷技术的应用很广。例如石化行业中蒸汽和其他气体的液化，混合液体和气体的分离，燃油和润滑油的脱脂，盐类结晶以及某些冷却过程，吸收反应热和控制反应速度等，都需借助于制冷技术。应用冷处理的方法，可以改善材料的性能。例如，对钢进行低温处理（-70～-90℃），可以改变其金相组织，使奥氏体变成马氏体，提高钢的硬度和强度等。

在食品加工与贮运方面，制冷技术应用最早。主要是对易腐食品例如肉鱼类、蛋类、蔬菜类等进行冷加工、冷藏及冷藏运输。从食品加工、贮运到销售，已形成完整的低温冷藏链，以提高食品的质量，减少在生产及分配过程中食品的损耗以及消除因某些食品生产上的季节性与销售上的不平衡性之间的矛盾。

空气调节工程中的冷却降温和调湿过程也是制冷技术应用的一个方面。空调的应用主要在工业和民用两个方面。工业上的空调应用主要是为了满足某些生产工艺过程的要求，如冶金、纺织、印刷、精密仪器仪表、电子工业等工厂以及精密计量室、计算机房等，以确保产品质量或仪器设备良好地工作。民用空调近年来随着人们生活水平的提高，发展很快，宾馆、办公楼、会堂和家庭居室等空调普及率大幅度提高，满足了人们居住和工作环境舒适性的要求。

在建筑业上，可以利用制冷冻结土壤以利于挖掘；冷却巨型的混凝土块，以除去混凝土固化时所放出的热量，从而避免热膨胀和产生混凝土应力等。

在医疗卫生方面，如血清、疫苗、组织器官等需要进行低温保存。"冷手术刀"在肿瘤治疗方面已得到有效体现。最近发展起来的微波和激光辅助玻璃化尖端技术，可以控制生物体冻结过程中冰晶的形成，从而为生物体的低温长期保存向前跨了一大步。

制冷技术在文化体育事业中的应用有摄影棚中人工雪景布置、人工冰场和滑雪道人工降雪等。

制冷技术还应用于当今的一些高科技领域。例如近一、二十年小型制冷机取得了突破性进展，为军事、航天、超导等高科技应用提供了稳定可靠的低温制冷机。随着技术的进步，制冷技术的应用将展示出无限广阔的前景。

三、《制冷原理》研究的对象和主要内容

制冷原理是以热力学定律为理论基础来研究制冷循环的原理、效率和热力分析、计算方

法。需要说明的是本书只叙述普通制冷的工作原理和热力分析方法。

本书的主要内容包括：

1）常用制冷剂、载冷剂的性质及选用方法。

2）蒸气压缩式制冷循环的工作原理；单级、双级及复叠式蒸气压缩式制冷循环的热力分析方法。

3）吸收式制冷循环、工作原理及热力分析方法。

4）热电制冷、蒸汽喷射式制冷、空气压缩式制冷和混合制冷剂制冷循环方式、工作原理。

《制冷原理》是制冷空调技术重要的专业理论基础。它在专业学习过程中，是专业基础知识和专业知识之间的桥梁和纽带，起着承上启下的作用。学好《制冷原理》课程知识，对掌握本专业的专业知识体系和将来从事制冷空调专业工作，都是十分重要的。所以每一学习和从事制冷空调技术的人必须扎扎实实地学，注重理论联系实际，以求稳固掌握。

第一章 制冷剂与载冷剂

第一节 制冷剂的分类、命名和选择要求

制冷剂是制冷系统中实现制冷循环的工作介质,也称为制冷工质。制冷剂的状态参数在制冷循环中不断发生变化,从液态变成气态,再从气态变成液态。制冷机借助于制冷剂的状态变化将从低温热源吸收的热量连续不断地传递给高温热源,以完成制冷循环。

目前,能作为制冷剂的物质有近百种,并且新的制冷剂在不断出现。早期使用的制冷剂有乙醚、二氧化硫、氯甲烷、二氧化碳等。由于它们本身的缺点,基本上已被淘汰。当前被采用的制冷剂有十余种,主要有氨、氟利昂、水(用于吸收式和蒸汽喷射式制冷机)等。

一、制冷剂的种类和命名

制冷剂的种类较多,各个国家、各制冷剂生产厂家对制冷剂的命名较为混杂。目前,世界上多数国家均采用美国供暖制冷空调工程师协会标准(ASHRAE standard 34—78)的规定。我国在 GB/T7778—1987 中也明确规定采用这个标准。这一标准的命名方法,是将制冷剂的代号同它的种属和化学构成联系起来,只要知道它的分子式,就可以写出它的代号。代号是由字母 R 和它后面的一组数字及字母组成,具体方法如下:

1. 无机化合物

可作为制冷剂的无机化合物有氨、空气、水等。它们的代号由 R700 加上该无机化合物的分子量的整数部分。当有两种或两种以上的制冷剂分子量整数部分相同时,可在其余的制冷剂的编号上加上一个 a、b…以示区别(表 1-1)。

表 1-1 无机化合物类制冷剂

制冷剂代号	化学名称	化学分子式	制冷剂代号	化学名称	化学分子式
R702	氢	H_2	R729	空气	
R704	氦	He	R732	氧	O_2
R717	氨	NH_3	R744	二氧化碳	CO_2
R718	水	H_2O	R744a	氧化亚氮	N_2O
R728	氮	N_2	R764	二氧化硫	SO_2

2. 氟利昂

氟利昂是饱和碳氢化合物的卤族元素衍生物的总称。用于生产氟利昂制冷剂的饱和碳氢化合物主要是甲烷(CH_4)、乙烷(C_2H_6)等。饱和碳氢化合物的分子通式是 C_mH_{2m+2}。当 H_{2m+2} 被氟(F)、氯(Cl)和溴(Br)部分或全部取代后,所得衍生物——氟利昂的分子通式是 $C_mH_nF_xCl_yBr_z$。且 $n+x+y+z=2m+2$。

氟利昂的代号是用 R 和跟随的数字 $(m-1)(n+1)(x)B(z)$ 组成,如果 $z=0$,则 B 可省略。

需要注意的是：

1）对于甲烷类衍生物，习惯上省略R后面的第一个数0，而写成两个数字。例：$CFCl_3$ 按规则写成R011，命名时写成R11。

2）对于同分异构体，它们具有相同的编号，但最对称的一种只用编号后面不带任何字母来表示。随着同分异构体变得越来越不对称时，则附加a、b、c等字母。例如，CHF_2—CHF_2 表示为R134；CF_3—CH_2F 表示为R134a。氟利昂的命名详见表1-2。

3．饱和碳氢化合物

饱和碳氢化合物也按照氟利昂的编号规则书写。如甲烷为R50，乙烷为R170，丙烷为R290。但丁烷写成R600，异丁烷写成R600a。

4．不饱和碳氢化合物及其卤族元素衍生物

不饱和碳氢化合物及其卤族元素衍生物在R后面先写一个"1"，然后再按氟利昂命名规则编写，见表1-3。

表1-2 氟利昂制冷剂

制冷剂	分子式	制冷剂代号
一氟三氯甲烷	$CFCl_3$	R11
二氟二氯甲烷	CF_2Cl_2	R12
三氟一氯甲烷	CF_3Cl	R13
三氟一溴甲烷	CF_3Br	R13B1
二氟一氯甲烷	CHF_2Cl	R22
四氟二氯乙烷	$C_2F_4Cl_2$	R114

表1-3 不饱和碳氢化合物及其卤族元素衍生物

制冷剂	化学分子式	制冷剂代号
二氟二氯乙烯	$C_2F_2Cl_2$	R1112a
三氟一氯乙烯	C_2F_3Cl	R1113
四氟乙烯	C_2F_4	R1114
三氯乙烯	C_2HCl_3	R1120
二氯乙烯	$C_2H_2Cl_2$	R1130
乙烯	C_2H_4	R1150

5．环状有机化合物

环状有机化合物是在R后面先加一个字母C，然后按氟利昂的编号规则书写。例如，六氟二氯环丁烷写作RC316，七氟一氯环丁烷写作RC317，八氟环丁烷写作RC318。

6．共沸制冷剂

共沸制冷剂是由两种或两种以上互溶的单组分制冷剂在常温下按一定的质量比或容积比相互混合而成的制冷剂。它与单组分制冷剂的性质一样，在一定的压力下具有恒定的蒸发温度 t_0，且饱和状态下气相和液相的组分也相同。共沸制冷剂的命名是R后在500序号中按实用的先后次序编号，见表1-4。

此外，还有一些共沸制冷剂尚未列入编号中，它们有R114/R21（74.6/25.4）、R290/R115（31.6/68.4）、R13B1/R22（80.5/19.5）、R40/R12（22/78）、R22/R290（68/32）、R218/R22（34/66）、R227/R12（13.5/86.5）、R152/R115（16/84）等。

7．非共沸制冷剂

非共沸制冷剂是由两种或两种以上相互不形成共沸溶液的单组分制冷剂混合而成的溶液。当溶液被加热时，在一定的蒸发压力 p_0 下，较易挥发的组分蒸发的比例大，难挥发的组分蒸发的比例小，形成气、液相的组分比例不相同，并且制冷剂在整个蒸发过程中温度是变化的。在冷凝过程，也具有相同的特征。

目前，已经实用的非共沸制冷剂是R后在400序号中顺序规定识别编号，见表1-5。

表 1-4 共沸制冷剂

制冷剂代号	单组分制冷剂	混合质量百分比
R500	R12/R152a	73.8/26.2
R501	R22/R12	75/25
R502	R22/R115	48.8/51.2
R503	R23/R13	40.1/59.9
R504	R32/R115	48.2/51.8
R505	R12/R31	78.0/22.0
R506	R31/R114	55.1/44.9
R507	R125/R143a	50/50

表 1-5 非共沸制冷剂

制冷剂代号	单组分制冷剂	混合质量百分比
R401A	R22/R152a/R124	53/13/34
R401B	R22/R252a/R124	61/11/28
R401C	R22/R252a/R124	33/15/52
R402A	R125/R290/R22	60/2/38
R402B	R125/R290/R22	38/2/60
R404A	R125/R143a/R134a	44/52/4
R407A	R32/R125/R134a	20/40/40
R407B	R32/R125/R134a	10/70/20

以上的分类方法是按制冷剂的化学种类来划分的。人们按照制冷剂的标准蒸发温度，将它分为三类，即高温、中温和低温制冷剂。所谓标准蒸发温度，是指在标准大气压（101.325kPa）下的蒸发温度，就是通常所说的沸点。见表 1-6。

表 1-6 制冷剂的按 t_0 和 p_k 分类

类 别	沸点 t_0/℃	环境温度为 30℃ 时的冷凝压力 p_k/kPa	制冷剂举例	应用举例
高温(低压)制冷剂	>0	<300	R11、R21、R114	空调、热泵
中温(中压)制冷剂	-60~0	300~2000	R717、R12 R22、R502	制冰、冷藏
低温(高压)制冷剂	<-60	>2000	R13、R14、R503	复叠循环 低温部分

近年来，美国杜邦公司首先提出了一种对制冷剂的新的命名方法，以区分各种氟利昂对大气臭氧层的破坏程度，即以 CFC 表示碳氢化合物中的氢原子完全被氯与氟原子所置换后的生成物，例如 $CFCl_3$ 用 CFC11，CF_2Cl_2 用 CFC12 表示等，该类氟利昂对大气臭氧层有严重破坏作用；以 HCFC 表示碳氢化合物中氢原子部分地被氯与氟原子所置换，例如 CHF_2Cl、$C_2H_3F_2Cl$ 分别表示为 HCFC22、HCFC142b，该类氟利昂对大气臭氧层有轻微破坏作用；以 HFC 表示碳氢化合物中氢原子只有一部分被氟原子所置换，而且不含氯原子，例如 $C_2H_4F_2$、$C_2H_2F_4$ 分别表示为 HFC152、HFC134a，该类氟利昂对大气臭氧层没有破坏作用；以 HCC 表示碳氢化合物中氢原子部分地被氯原子所置换，不含有氟，例如 CH_3Cl 用 HCC40 表示。

二、制冷剂选择的要求

制冷剂的性质将直接影响制冷机的构造、尺寸和运转特性，同时也会影响制冷循环的形式、设备结构及经济技术性能。因此，制冷剂应具有较好的热力性质和物理化学性质，具体要求如下：

1）临界温度要高，以便在常温下或普通低温下能够液化。

2）凝固温度低，可使制冷系统安全地制取较低的蒸发温度，制冷剂在工作温度范围内不发生凝固现象，因而不影响其流动性。

3）具有适宜的饱和蒸气压力。即蒸发压力 p_0 不宜低于大气压力，以避免外部空气从不严密处渗入系统，造成制冷机的无效耗功和腐蚀。冷凝压力 p_k 也不宜过高，以免引起压缩机耗功增加和设备金属材料消耗的增加。

4）单位容积制冷量大。对于制取相同的制冷量而言，它可减少制冷剂的循环流量，缩小制冷机的结构尺寸。

5）粘度和密度小，以减小制冷剂在系统中的流动阻力。

6）导热系数要高，可提高换热设备的传热系数，减少设备的传热面积。

7）等熵指数要小，可使压缩过程耗功减小。压缩终了时，气体的排气温度不过高，有利于机器的安全运行和寿命的提高。

8）不燃烧、不爆炸、无毒，对金属材料不腐蚀，与润滑油不发生化学作用，高温下不分解。

9）应具有良好的电绝缘性。特别是在半封闭式和全封闭式制冷机中，电动机线圈与制冷剂、润滑油直接接触，要求制冷剂具有较高的电击穿强度和导电系数。

10）价格低廉，便于获得。

11）对人类健康及全球环境无破坏作用。

由于制冷剂的种类繁多，其性质差别也就很大，完全满足上述要求的制冷剂尚未发现，因此在选择时要根据实际情况综合考虑。表1-7列出了一些制冷剂的热力性质。

表 1-7 制冷剂的热力性质

制冷剂名称	化学式	制冷剂代号	分子量	沸点/℃	临界温度/℃	临界压力/MPa	临界比容/(L/kg)	凝固温度/℃
氨	NH_3	R717	17.03	-33.35	132.4	11.29	4.245	-77.7
水	H_2O	R718	18.02	100.0	374.12	22.12	3.128	0.0
二氧化碳	CO_2	R744	44.01	-78.52	31.0	7.38	2.135	-56.6
一氟三氯甲烷	$CFCl_3$	R11	137.39	23.7	198.0	4.37	1.805	-111.0
二氟二氯甲烷	CF_2Cl_2	R12	120.92	-29.8	112.04	4.12	1.793	-155.0
三氟一氯甲烷	CF_3Cl	R13	104.47	-81.5	28.27	3.86	1.729	-180.0
二氟一氯甲烷	CHF_2Cl	R22	86.48	-40.8	96.0	4.986	1.905	-160.0
三氟三氯乙烷	$C_2F_3Cl_3$	R113	187.39	47.68	214.1	3.415	1.735	-36.6
四氟二氯乙烷	$C_2F_4Cl_2$	R114	170.91	3.5	145.8	3.275	1.717	-94.0
四氟乙烷	$C_2H_2F_4$	R134a	102.0	-26.5	100.6	3.944	2.05	-101.0
二氟乙烷	$C_2H_4F_2$	R152a	66.05	-25.0	113.5	4.49	2.740	-117.0
异丁烷	C_4H_{10}	R600a	58.13	-11.73	135.0	3.645	4.326	-160.0
乙烯	C_2H_4	R1150	28.05	-103.7	9.5	5.06	4.37	-169.5
丁烯	C_4H_8	RC318	200.04	-5.8	115.3	2.781	1.611	-41.4

第二节 常用制冷剂的性质

一、氨（NH_3，R717）

氨是目前应用较广的中温制冷剂之一。氨有较好的热力学性质和热物理性质。氨的临界温度为132.4℃，沸点为-33.4℃，凝固温度为-77.7℃。在常温和普通低温范围内压力适中，单位容积制冷量大，粘性小，流动阻力小，传热性能好，价格低廉，对大气臭氧层无破坏作用，因而大量地应用于蒸发温度 t_0 在 $-65℃$ 以上的大型或中型单级、双级活塞式制冷压缩机，也可应用于大容量离心式制冷机中。

氨的主要缺点是对人体有较大的毒性。氨蒸气无色，具有强烈的刺激性臭味。它可以刺激人的眼睛及呼吸器官。当氨液飞溅到人的皮肤上时，会引起肿胀甚至冻伤，应以大量的清水冲洗并及时治疗。当氨蒸气在空气中容积含量达到 0.5% 以上时，人在其中停留半小时即可中毒。

氨易燃烧和爆炸，当空气中氨的含量达到 16%～25%（体积分数）时可引起爆炸。空气中氨的含量达到 11%～14% 时（体积分数）即可点燃，燃烧时呈黄色火焰。因此，车间内的工作区内氨蒸气的含量不得超过 $0.02g/m^3$。车间内必须设置通风换气装置。若制冷系统中含有较多空气时，也会引起制冷装置发生爆炸。因此，氨制冷系统中应设有空气分离器，及时排出系统中的空气及其他不凝性气体。

氨与水可以任意比例互溶，形成氨水溶液。在低温下，水也不会从溶液中析出而形成冰堵现象，所以氨系统中一般不设置干燥器。但水分的存在会加剧对金属的腐蚀，故规定氨的含水量不得超过 0.2%（体积分数）。

氨在润滑油中的溶解度很小，油进入系统后，会在传热器的传热表面上形成油膜，影响传热效果。因此在氨制冷系统中，必须设置油分离器，对制冷压缩机排出气体中的润滑油进行分离，以减少润滑油进入冷凝器和蒸发器中。润滑油的密度比氨液的密度大，在运行中润滑油沉积在贮液器、蒸发器等容器的底部，可以较方便地从容器底部定期放出。

氨对钢铁不起腐蚀作用，但当含有水分时对锌、铜和铜合金（除磷青铜外）有腐蚀作用。因此，在氨制冷系统中不使用铜和铜合金材料，只有连杆衬套、密封环等零部件才允许使用高锡磷青铜。

二、氟利昂

1. 二氟二氯甲烷（CF_2Cl_2，R12）

R12 的沸点为 $-29.8℃$，凝固温度为 $-155℃$，压力适中，广泛应用于冷藏、空调及低温设备，可制取 $-70℃$ 以上的低温。

R12 无色，气味很弱，有芳香味，当它在空气中含量达 20%（体积分数）时才会感觉到。R12 毒性小，不燃烧，不爆炸，但当温度达到 $400℃$ 以上时，与明火接触会分解出具有剧毒的光气。R12 的单位容积制冷量小，密度大，流动阻力大，导热系数小，因此应用于制冷装置时要增加换热设备的换热面积。

水在 R12 中的溶解度很小，且随温度的降低而减小，在低温状态下水易析出而形成冰堵。因此，R12 系统内必须严格控制含水量。一般规定 R12 产品的含水量不得超过 0.0025%（体积分数），且制冷系统中的设备和管路在充灌 R12 之前必须经过严格的干燥处理，在充液管路中或节流阀前的管路中加设干燥器。

R12 能与矿物性润滑油以任意比例相互溶解，因此润滑油在 R12 制冷系统各部分中产生不同的影响。在冷凝器中，润滑油将溶解于 R12 液体中，不易在传热表面形成油膜而影响传热。在贮液器中，R12 液体与油形成均匀的溶液而不出现分层现象，因而不可能从贮液器中将油分离出来。润滑油与 R12 一同进入到蒸发器后，对于满液式蒸发器来说，随着 R12 的不断蒸发，润滑油在其中越积越多，使蒸发温度 t_0 提高，传热系数降低，而润滑油又无法从容器底部放出。因此，在氟利昂制冷机中，一般采用干式蛇管式蒸发器，液体从上面供入,从下边引出,使润滑油与 R12 蒸气一同返回压缩机。在压缩机曲轴箱内,油中会溶解 R12。当压缩机停机时,曲轴箱内压力升高,油中的 R12 溶解量增多。当压缩机起动时,曲轴箱内压力突然降低,油中的 R12 便大量蒸发,将油滴带入系统,并形成泡沫,造成曲轴箱内油位下降,影响油泵的正常工作。所以,制冷量较大的压缩机往往在曲轴箱底部设有电加热器,启动前先对润滑油加热,让 R12 先气化。

R12 对一般金属没有腐蚀作用,但能腐蚀镁及含镁量超过 2%(质量分数)的铝镁合金。R12 对天然橡胶及塑料有膨胀作用,故密封材料应使用耐腐蚀的丁腈橡胶或氯醇橡胶,封闭式压缩机中电动机绕组导线要用耐氟绝缘漆。电动机采用 B 级或 E 级绝缘。

R12 的渗透性极强,易通过机器设备的接合面的不严密处、铸件中的小孔及螺纹接合处泄漏,所以对铸件要求质量高,对机器的密封性要求良好。

近年来,发现 R12 对大气臭氧层有严重破坏作用,并产生温室效应,危及人类的生存环境,属于首先被替代的制冷剂,这限制了 R12 的长期使用。

2. 二氟一氯甲烷(CHF_2Cl,R22)

R22 也是较常用的中温制冷剂,其沸点为 $-40.8℃$,凝固点为 $-160℃$。在相同的蒸发压力 p_0 和冷凝压力 p_k 下,R22 的饱和蒸气压力比 R12 约大 65%。单位容积制冷量稍低于氨,但比 R12 大得多。压缩终温介于氨和 R12 之间,能制取的最低蒸发温度 t_0 为 $-80℃$。广泛应用于冷藏、空调及低温设备中。

R22 无色、无味、不燃烧、不爆炸,毒性比 R12 略大,但仍属于安全的制冷剂。它的传热性能与 R12 差不多,流动性比 R12 好,溶水性比 R12 稍大,但仍属于不溶于水的制冷剂。对 R22 含水量仍限制在 0.0025%(体积分数)以内。为防止制冷系统冰堵,需装设干燥器。

R22 的化学性质不如 R12 稳定,对有机物的膨润作用更强。密封材料可采用氯乙醇橡胶。封闭式制冷压缩机中的电动机绕组线圈可采用 QF 改性缩醛漆包线(E 级),或 QZY 聚脂亚胺漆包线。

R22 能部分地与润滑油互溶,在冷凝器和压缩机曲轴箱中,R22 与润滑油均匀混合;而在蒸发器中时,R22 与润滑油分层,并且润滑油在上层,R22 位于下层。采取的回油措施与 R12 相同。

R22 对金属的作用与 R12 相同,比 R12 有更强的渗透性和泄漏性。

R22 对大气臭氧层有微弱的破坏作用,属于过渡性替代制冷剂。

3. 三氟一氯甲烷(CF_3Cl,R13)

R13 是低温制冷剂,沸点为 $-81.5℃$,凝固点为 $-180℃$,毒性比 R12 更小,不燃烧,不爆炸。

R13 微溶于水,系统中也应设干燥器。它不溶于油,对金属的作用、泄漏性也与 R12 相似。

R13 在低温时蒸气比容小,临界温度低($28.78℃$),常温下饱和压力高,难以液化,所以一般应用在 $-70 \sim -110℃$ 的低温复叠式制冷系统的低温级中。

4. 一氟三氯甲烷($CFCl_3$,R11)

R11 属于高温制冷剂,沸点为 $23.7℃$,凝固点为 $-111℃$,常压下呈液态。它的分子量较大($M_r = 137.3$),适宜于离心式压缩机中使用。

R11 的溶水性、溶油性、对金属及有机物的作用均与 R12 相似,毒性比 R12 更小。但 R11 与明火接触时较 R12 更易分解出剧毒光气,因此使用 R11 的机房要严禁明火。

R11 对大气臭氧层有严重破坏作用，属于首先被限制使用的制冷剂之一。

5. 四氟乙烷（$C_2H_2F_4$，R134a）

R134a 属于中温制冷剂，沸点为 $-26.5℃$，凝固点为 $-101℃$，热力性质与 R12 接近，不燃烧，不爆炸，但遇明火或高温时会分解出有毒和刺激性物质。现被广泛应用于汽车空调、电冰箱及部分离心式制冷压缩机中。目前被看作是 R12 的首选替代制冷剂。

R134a 与金属有良好的相溶性，对铜、铁和铅等金属材料不发生作用。R134a 中不含氯原子，与现有的矿物性润滑油的相溶性差。研究表明，R134a 能与聚烯烃乙二醇和聚脂类等润滑油相溶。R134a 的渗漏性强，对密封材料要求高，丁腈橡胶和氟化橡胶由于吸收 R134a 后发生膨胀裂变，一般可采用聚丁橡胶、三聚乙丙橡胶或氯丁橡胶等。还应增加封闭式制冷压缩机电动机绕组的绝缘等级。

R134a 合成工艺复杂，目前生产成本较高。

6. 二氟乙烷（$C_2H_4F_2$，R152a）

R152a 属于中温制冷剂，沸点为 $-25℃$，凝固点为 $-117℃$，它具有比 R12 和 R134a 高的能效比和单位容积制冷量。但当蒸发压力 p_0 较低时，制冷机的负荷有所变化，会导致制冷机效率下降。R152a 与现有的润滑油能较好地相溶，并且合成工艺简单，售价低。

R152a 具有可燃性，在空气中含量达到 4%～17%（体积分数）时即可爆炸，所以其作为纯工质使用方案受到国际上大多数专家的否认。R152a 一般与其他制冷剂组成混合制冷剂应用于制冷系统中，如 R22/R152a、R22/R152a/R124。

7. 三氟二氯乙烷（$C_2HF_3Cl_2$，R123）

R123 是高温制冷剂，其热力学性质与 R11 接近，化学稳定性明显优于 R11，对臭氧层影响比 R11 低，目前被看作可替代 R11 而使用于离心式制冷压缩机中，但仍属过渡性替代物质。

R123 的溶油性与 R11 相近，气化潜热较小，液体比热较大，粘性较大，导热系数小，在改用 R123 后，为维持 R11 相同的制冷量，必须相应增大换热面积。

8. 碳氢化合物制冷剂（HC_s）

通常用作制冷剂的碳氢化合物有丙烷（C_3H_8，R290）、乙烷（C_2H_6，R170）、丁烷（C_4H_{10}，R600）和异丁烷[$CH(CH_3)_3$，R600a]、乙烯（C_2H_4，R1150）、丙烯（C_3H_6，R1270）等。这些制冷剂的优点是价格低廉、易于获得、凝固点低、对金属不腐蚀，以及对大气臭氧层无破坏作用等。但它们最大的缺点是易燃、易爆，故使用这类制冷剂时，制冷系统应保持正压，以免空气漏入而引起爆炸。这类制冷剂均能使润滑油溶解，让润滑油粘度下降，因此需选用粘度较高的润滑油。

丙烷和乙烷是饱和碳氢化合物，化学性质很不活泼，难溶于水。丙烯和乙烯是不饱和碳氢化合物，化学性质活泼，但在水中溶解度很小，易溶于酒精和其他有机溶剂。

丙烷、丙烯属中温（中压）制冷剂，标准蒸发温度 t_0 低于 $0℃$，高于 $-60℃$，冷凝压力 p_k 高于 0.3MPa。乙烷、乙烯属低温制冷剂，$t_0 \leq -60℃$，临界温度都很低，常温下无法液化，适用于复叠式制冷的低温部分。

近年来，已开始在冰箱中采用丙烷、丁烷混合物或异丁烷来替代 R12。

三、混合制冷剂

混合制冷剂是由两种或两种以上的单组分制冷剂按一定比例混合而成的。按照混合后的溶液是否具有共沸的性质，分为共沸制冷剂和非共沸制冷剂。

（一）共沸混合制冷剂

共沸混合制冷剂与单一制冷剂一样，在一定压力下具有恒定的饱和温度和恒定的气、液相成分。目前已被正式命名和使用的共沸制冷剂有 R500、R507、R502、R503、R504、R505、R506，其组成及沸点见表 1-8。

表 1-8 几种共沸制冷剂的组成和沸点

编号	组分	质量成分	摩尔成分	分子量	沸点/℃	各组分的沸点/℃
	R114/R21	74.6/25.4	64.0/36.0	—	≈0	3.5/8.9
R506	R31/R114	55.1/44.9	75.1/24.9	—	-12.5	-9.8/3.5
R505	R12/R31	78.0/22.0	66.9/33.1	—	≈-32	-29.8/-9.8
R500	R12/R152a	73.8/26.2	60.4/39.6	99.3	-33.5	-29.8/-25
R501	R22/R12	84.5/15.5	88.4/11.6	—	-41.5	-40.8/-29.8
R502	R22/R115	48.8/51.2	63.0/37.0	111.6	-45.4	-40.8/-38
	R290/R115	31.6/68.4	61.8/38.2	—	-46.6	-42.1/-38
R504	R22/R115	48.2/51.8	73.5/26.5	79.2	-59.2	-51.2/-38
	R13B1/R32	80.5/19.5	59.0/41.0	—	-63.3	-58.9/-51.2
R503	R23/R13	40.1/59.9	50.0/50.0	87.6	-87	-82.2/-81.5

共沸制冷剂具有下列特点：

1）在一定蒸发压力 p_0 下蒸发时，具有恒定的蒸发温度 t_0，而且蒸发温度 t_0 一般比组成它的单组分蒸发温度 t_0' 低。

2）在一定的蒸发温度 t_0 下，共沸制冷剂的单位容积制冷量比组成它的单一制冷剂的容积制冷量要大。这是因为在相同的蒸发温度 t_0 和吸气温度 t_{sh} 下，共沸制冷剂比组成它的单一制冷剂的压力高，比容小的缘故。

3）采用共沸制冷剂可使压缩机的排气温度降低。例如，R502 在蒸发温度 t_0 为 -12℃，冷凝温度 t_k 为 44℃时，排气温度为 108℃。而采用 R22 时，其排气温度为 133℃。共沸制冷剂 R502 能使排气温度降低的原因，是由于与 R22 相混合的 R115 是一种比热容大、等熵指数小的制冷剂。这一特性对于封闭式压缩机来说尤为重要。

4）共沸制冷剂的化学稳定性较组成它的单一制冷剂好。

5）在封闭式压缩机中，采用共沸制冷剂可使电动机得到更好的冷却，电动机绕组温升减小。例如，在采用 R502 的半封闭式压缩机中，电动机温升比采用 R22 时降低 10~20℃，这是由于 R502 的质量流量和热容较 R22 大的缘故。

常用的共沸混合制冷剂有：

1）R500。为 R12（73.8%）+ R152a（26.2%）。

R500 的沸点为 -33℃，通常可替代 R12 用在活塞式制冷机中，其制冷量比 R12 大 20% 左右。

水在 R500 中的溶解度极小，所以系统要求严格干燥，并需设置干燥器。R500 与润滑油能完全互溶。

2）R502。为 R22（48.8%）+ R115（51.2%）。

R502 的沸点为 -45.6℃，是一种中温制冷剂，可代替 R22 用于获得低温。当在相同的吸气温度 t_{sh} 和压力比下，使用 R502 时压缩机的排气温度比使用 R22 时低 10~25℃，相同工况下，制冷量比 R22 大 5%~20%。

R502 的溶水性比 R12 大 1.5 倍；在 82℃以上有较好的溶油性，低于 82℃时，溶油性差，油将与 R502 分层。R502 仍属于首先被替代的制冷剂。

3) R503。为 R23（40.1%）+ R13（59.9%）。

R503 的沸点为 -88℃，比 R23 和 R13 的沸点都低。它不燃烧、无毒、无腐蚀性。适用于复叠式制冷机的低温级，制取 -70 ~ -85℃ 的低温，可替代 R13 使用。

（二）非共沸混合制冷剂

非共沸混合制冷剂没有共沸点。在定压下蒸发或冷凝时，液相和气相的成分不同，气相中低沸点组分较多，液相中高沸点的组分较多，冷凝温度 t_k 和蒸发温度 t_0 也都要发生变化。目前应用较多的非共沸制冷剂有 R13/R12、R22/R152a、R22/R142b、R22/R152a/R124、R22/R152a/R134a 等。

非共沸制冷剂的特点：

1）非共沸制冷剂的蒸发和冷凝过程中温度是变化的，所以更适宜于变温热源，以此来缩小冷凝过程和蒸发过程中的传热温差，减少传热不可逆损失，提高循环效率。

2）与组成它的单一制冷剂相比，可增大制冷机的制冷量。

3）降低了制冷循环中的压力比，使单级压缩能获得更低的蒸发温度 t_0。

非共沸制冷剂 R13/R12 通常用于大型工业装置中，它在制冷系统中的蒸发压力 p_0 比 R12 高一些，当蒸发温度 t_0 低于 -55.6℃ 时仍可保持 101.3kPa 的蒸发压力 p_0。由于蒸发压力 p_0 的提高，使其蒸气的比容减小，因而用于活塞式制冷机中就可获得比 R12 更大的制冷量。

非共沸制冷剂 R13B1/R12 在相同的蒸发温度 t_0 和冷凝温度 t_k 下，其蒸发压力 p_0 和冷凝压力 p_k 低于 R22。因此在替代 R22 作热泵运行时，可改善循环的工作条件，增大供暖系数。

非共沸制冷剂 R114/R22 是一种中温制冷剂，适用于蒸发温度 t_0 在 -5 ~ 5℃ 的条件下工作。这种制冷剂的非等温性特别显著，因而能降低能耗，提高制冷系数。

四、全球环境与冷媒替代

（一）氯氟烃对全球环境的影响

氯氟烃（CFC_s），即碳氢化合物中的氢完全被氯与氟置换，如 CFC11、CFC12、CFC13、CFC112、CFC113、CFC114 与 CFC115 等，由于它们具有优良的热物理性能，已被广泛用作制冷剂（如 CFC12）和发泡剂（CFC11）。

早在 1974 年，美国加利弗尼亚大学的莫莱耐博士和罗兰特教授就发表论文，指出氟氯烃化合物扩散至大气层中的平流层时，被太阳的紫外线照射而分解，放出氯原子，与平流层中臭氧发生连锁反应，减少了臭氧的浓度，使臭氧层遭到破坏，危及人类健康与生态平衡。

研究表明，当 CFC_s 受到强烈紫外线照射后，将产生下列反应（以 CFC12 为例）：

$$CF_2Cl_2 \xrightarrow{紫外线} CF_2Cl + Cl$$

$$Cl + O_3 \longrightarrow ClO + O_2$$

$$ClO + O \longrightarrow Cl + O_2$$

循环反应产生的氯原子不断地与臭氧分子作用，使一个氯氟烃分子，可以破坏成千上万个臭氧分子，使臭氧层出现空洞，这一现象最早被英国南极考察队和卫星观测到。据有关资料显示，2000 年 9 月南极上空臭氧层空洞面积已达到 2800 万平方公里。部分国家上空也出现臭氧层空洞。

据联合国环境规划署（UNEP）提供的资料称，臭氧每减少 1%，紫外线辐射量约增加 2%。臭氧层的破坏将导致：

(1) 危及人类健康，可使皮肤癌、白内障的发病率增加，破坏人类免疫系统。
(2) 危及植物及海洋生物，使农作物减产，不利于海洋生物的增长与繁殖。
(3) 产生附加温室效应，从而加剧全球气候转暖过程。
(4) 加速聚合物(如塑料等)的老化。

（二）氯氟烃类制冷剂的限制与禁用

臭氧层的破坏已成为全球性环境问题，引起了世界各国的关注。24 个国家在联合国环境规划署的召集下，携手共同商讨对策，于 1985 年在奥地利维也纳签订了《保护臭氧层的维也纳公约》。之后，于 1987 年 9 月 16 日在加拿大的蒙特利尔市召开会议，进一步签署了针对消耗臭氧层物质的《蒙特利尔议定书》，并将五种 CFC_s 及三种哈隆列入管制物质，见表 1-9。

表 1-9 《蒙特利尔议定书》的控制物质

附件 A 控制物质		
类 别	物 质	ODP
第一类		
$CFCl_3$	（CFC11）	1.0
CF_2Cl_2	（CFC12）	1.0
$C_2F_3Cl_3$	（CFC113）	0.8
$C_2F_4Cl_2$	（CFC114）	1.0
C_2F_5Cl	（CFC115）	0.6
第二类		
CF_2BrCl	（哈隆 1211）	3.0
CF_3Br	（哈隆 1301）	10.0
$C_2F_4Br_2$	（哈隆 2402）	6.0
附件 B 控制物质		
第一类		
CF_3Cl	（CFC13）	1.0
C_2FCl_5	（CFC111）	1.0
$C_2F_2Cl_4$	（CFC212）	1.0
C_3FCl_7	（CFC211）	1.0
$C_3F_2Cl_5$	（CFC212）	1.0
$C_3F_3Cl_5$	（CFC213）	1.0
$C_3F_4Cl_4$	（CFC214）	1.0
$C_3F_5Cl_3$	（CFC215）	1.0
$C_3F_6Cl_2$	（CFC216）	1.0
C_3F_7Cl	（CFC217）	1.0
第二类		
CCl_4	四氯化碳	1.1
第三类		
$C_2F_3Cl_3$	1，1，1—三氯甲烷（甲基氯仿）	0.1

1992 年 11 月缔约国再次在哥本哈根举行会议，加快了氯氟烃的淘汰过程。对于 CFC_s 类物质，发达国家已从 1996 年 1 月 1 日起 100% 禁止生产和使用。发展中国家也要求于 1999 年 1 月 1 日起将 CFC11、CFC12、CFC113、CFC114 和 CFC115 冻结在 1995 年至 1997 年的平均水平(若较低，也可用人均 0.3kg 的消费量计算)，并于 2005 年 1 月 1 日起将冻结水平削减 50%，

自 2007 年 1 月 1 日起削减 80%，到 2021 年 1 月 1 日起停止生产和使用。对 $HCFC_s$ 类物质，发达国家要求在 2015 年 1 月 1 日起削减 90%，2030 年 1 月 1 日起禁止生产和使用；发展中国家则规定 2016 年 1 月 1 日起冻结在 2015 年消费水平上，以后逐年削减，于 2040 年 1 月 1 日起禁止生产和使用。

另外，制冷剂的另一个环境效应是对全球变暖的影响。根据全球变暖的理论，由于人类活动，大气中某些吸收热量的气体浓度增加，这被认为是引起地球大气平均温度缓慢升高的原因。氯氟烃(CFC_s)、氢氯氟烃($HCFC_s$)和新一代的氢氟烃(HFC_s)制冷剂都被认为是温室气体，如释放到大气中，将对全球变暖起作用。为此，世界各国又签订了减少温室气体排放的《京都协议》。表 1-10 列出部分制冷剂的 ODP 和 GWP 值

表 1-10　部分制冷剂的 ODP 和 GWP 值

物　质	分 子 式	标准沸点/℃	ODP	GWP
CFC11	CCl_3F	23.82	1	1500
CFC12	CCl_2F_2	-29.79	1	4500
HCFC22	$CHClF_2$	-40.78	0.05	510
CFC113	$C_2Cl_3F_3$	47.57	0.8	2100
HCFC123	$C_2HCl_2F_3$	27.81	0.02	29
HCFC124	C_2HClF_4	-12.00	0.02	150
HCF125	C_2HF_5	-48.50	0	860
HFC134a	$C_2H_2F_4$	-28.50	0	420
HCFC141b	$C_2H_3Cl_2F$	32.00	0.08	150
HCFC142b	$C_2H_3ClF_2$	-9.78	0.08	540
HFC143a	$C_2H_3F_3$	-47.71	0	1800
HFC152a	$C_2H_4F_4$	-25.00	0	47
R500	CFC12/HFC152a	-33.50	0.74	3333
R502	HCFC22/CFC115	-45.44	0.33	4038
R1301	CF_3Br		10.0	5800

物质对臭氧层的破坏作用的大小，是以其 ODP（臭氧破坏潜能值）的大小来衡量的，并以 CFC11 为基准，规定 CFC11 的 ODP 值为 1。而温室效应的定量评价，是以其 GWP（全球变暖潜能值）来表示的，其大小是在二氧化碳的 GWP=1 的基础上计算出来的。近些年来，由于地球温室效应的加剧，人们更科学地提出了用 TEWI（总体温室效应）来评价某种制冷剂在制冷系统中运行若干年而造成对全球变暖的影响。

TEWI 值的计算比较复杂，它由三部分组成：①制冷剂泄漏所致；②制冷剂回收不彻底所致；③制冷装置耗电所致（火力发电厂造成的 CO_2 排放）。这三者中，前两部分是直接影响，而第三部分是间接影响。

（三）制冷剂的替代

由于 CFC_s 与 $HCFC_s$ 类物质对臭氧层有破坏作用以及产生温室效应，使得全世界的制冷、

空调行业面临一场严重的挑战,各国相继开展寻找替代物的研究。理想替代物除应有较低的ODP值和GWP值外,还应具有良好的使用安全性(如无毒、不燃烧、不爆炸等)、经济性、优良的热物性(饱和压力适中、单位容积制冷量大、合适的临界温度和沸点、低粘度、高导热系数等)、与润滑油的可溶性、与水的溶解性、高电绝缘强度、低凝固点、对金属与非金属无腐蚀、易检漏等。在众多的化合物中寻找理想的替代制冷剂,结果发现最有可能替代的制冷剂仍在氟利昂中。表1-11列出部分制冷装置的制冷剂替代趋势。从表中可以看出,CFC12的替代物主要为HFC134a,现已被认可和接受。但在蒸发温度 t_0 低于 $-23℃$ 时,将产生高压缩比,制冷量受到限制,其使用也受影响。另外混合制冷剂 R401A 也可替代 CFC12。

CFC11的替代物主要是HFC134a及HCFC123,其中HCFC123也是一种过渡性工质。

HCFC22的替代物为HFC_s的混合物,如R407C、R410A等。

R502的替代物也为混合物,有的是$HCFC_s$的混合物,如R408A;有的为HFC_s的混合物,如R404A和R507A等。

表1-11　CFC_s及$HCFC_s$类制冷剂替代

制冷用途	原制冷剂	制冷剂替代物
家用和楼宇空调系统	HCFC22	HFC_s混合物
大型离心式冷水机组	CFC11 CFC12,R500 HCFC22	HFC123,HFC134a HFC134a HFC_s混合制冷剂
低温冷冻冷藏机组和冷库	CFC12 R502,HCFC22 NH_3	HFC134a HFC_s或$HCFC_s$混合制冷剂, HCFC22 NH_3
冰箱冷柜、汽车空调	CFC12	HFC134a HC_s及其混合制冷剂 $HCFC_s$混合制冷剂

根据《蒙特利尔议定书》要求限期逐步淘汰CFC_s和$HCFC_s$类制冷剂,因而纷纷转轨使用ODP值很小的HFC_s物质。HFC_s中有些物质GWP值相对较高。而《京都协议》要求削减温室气体排放,因此部分HFC_s物质也被列入温室气体清单中。在制冷剂中只有两种物质的ODP和GWP值都很低,它们分别是HCFC123和HFC152a。HFC152a非常容易点燃,因此只作制冷剂混合物的组分使用(在R401系列的几种制冷剂中)。HCFC123作为$HCFC_s$类物质也要被淘汰,只作为过渡物质使用。

现在认为比较安全的是NH_3、CO_2及碳氢化合物(HC_s)之类的天然工质,如NH_3优点是ODP值为0,GWP值为0,价格低廉,能效比高,但有毒。若在采用螺杆式压缩机,引入板式换热器,减少充注量等保证安全的情况下,NH_3会有更大的市场份额。CO_2的ODP=0,GWP=1,主要应用的领域有以下三个方面:①CO_2超临界循环的汽车空调。②CO_2热泵热水加热器。③复叠式制冷循环中的低压级制冷剂。高压级采用NH_3或HFC134a作为制冷剂。碳氢化合物(HC_s)的优点是ODP=0,GWP=20,热力学性能和溶油性好,但可燃性是推广使用的障碍。目前,世界上已有部分家用冰箱厂采用HC_s作为制冷剂,而大中型制冷空调设

备仍未采用 HC_s 作为制冷剂。

第三节 载 冷 剂

一、载冷剂的选择要求和选择方法

在间接冷却的制冷装置中，被冷却物体或空间中的热量是通过一种中间介质传给制冷剂。这种中间介质在制冷工程中称之为载冷剂或第二制冷剂。

载冷剂在制冷系统的蒸发器中被冷却后，送到冷却设备中吸收被冷却系统的热量，然后再返回蒸发器，将吸收的热量传递给制冷剂，而载冷剂重新被冷却。如此循环不止，以达到连续制冷的目的。

采用载冷剂的优点是可使制冷系统集中在较小的场所，因而可以减小制冷设备的容积及制冷剂的充注量；且因载冷剂的热容量大，被冷却对象的温度易于保持恒定。其缺点是系统比较复杂，增大了被冷却物体和制冷剂间的温差。

选择载冷剂时，应考虑以下因素：

1) 载冷剂在工作温度下应处于液体状态；其凝固温度应低于工作温度，沸点应高于工作温度。

2) 比热要大，在传递一定冷量时，可使载冷剂的循环量小。使输送载冷剂的泵耗功减少，管道的耗材量也将减少，从而提高循环的经济性。

3) 导热系数要大，可增加传热效果，减少换热设备的传热面积。

4) 粘度小，密度也要小，以减少流动阻力和输送泵的功率。

5) 化学稳定性好，载冷剂应在工作温度下不分解，不与空气中的氧气起化学反应，不发生物理化学性质的变化。不燃烧、不爆炸，挥发性要小。

6) 要求对人体和食品、环境无毒、无害，不会引起其他物质的变色、变味、变质。

7) 不腐蚀设备和管道。

8) 价格低廉，便于获得。

在实际工程中使用的载冷剂有：水、氯化钠水溶液、氯化钙水溶液、乙二醇水溶液、甲醇、乙醇、三氯乙烯、二氯甲烷和三氯氟甲烷等。

虽然，可用作载冷剂的物质很多，但是在某一温度范围内，适用的载冷剂种类并不多。所以，在实际工程设计时，当载冷剂系统的工作温度和使用目的确定之后，只需在几种载冷剂中进行比较选择。具体选择办法是：

1. 蒸发温度 t_0 在 5℃以上的载冷剂系统

一般都采用水作载冷剂。水具有价格低廉，传热性能好的优点。但是水的凝固点高，这就大大限制了水在制冷工程中作为载冷剂的使用范围。在空调系统中用水作载冷剂是理想的。

2. 蒸发温度 t_0 在 5～-50℃的范围内的载冷剂系统

一般可采用氯化钠水溶液或氯化钙水溶液作载冷剂。由于共晶点的限制，氯化钠水溶液用于 5～-16℃的场合；而氯化钙水溶液可用于 5～-50℃的系统中。

用盐水溶液作载冷剂，在制冷工程中是相当普遍的，像制冰、制冷饮制品、酒类生产及工业生产中的用冷工段等。盐水溶液的最大缺点是对金属有腐蚀作用，当泄漏时会对食品有一定的影响，所以在不便维修或不便更换设备及管道的场合，或在某些特定的食品加工工艺中，可采用乙二醇水溶液、丙三醇水溶液、乙醇水溶液等作为载冷剂。另外也可用三氯乙烯、二氯甲烷等物质来替代氯化钙水溶液。

3. 同时满足高低温要求的载冷剂系统

当载冷剂系统既需要在低温下工作，又需要在高温下工作时，应选择能同时满足高、低温要求的物质作载冷剂。这时载冷剂应具有凝固点低、沸点高的特性。例如在具有 ±50℃ 温度要求的环境试验室和需冷却到 -50℃ 也需加热到 60～70℃ 的生物药品、疫苗等生产中的冷冻干燥装置中，应选用三氯乙烯(沸点 87.2℃)，不能采用二氯甲烷(沸点 40.2℃)。

4. 蒸发温度 t_0 低于 -50℃ 的载冷剂系统

当蒸发温度 t_0 低于 -50℃ 时，可采用凝固点更低的有机化合物作载冷剂，例如三氯乙烯、二氯甲烷、乙醇等。这些物质的沸点也较低，一般需采用封闭式系统，以防溶液泵气蚀、载冷剂气化以及减少冷量损失。

二、常用载冷剂的特性

（一）水，H_2O

水的凝固点为 0℃，标准沸点为 100℃，可用来作为蒸发温度 t_0 高于 0℃ 的制冷装置中的载冷剂。

水的粘度小，流动阻力小，因此所采用的设备尺寸较小。

水的比热大，传热效果好，循环水量少。

水的化学稳定性好，不燃烧，不爆炸，纯洁的水对设备和管道的腐蚀性小，系统安全性好。水无毒，对人、食品和环境都是无害的，所以在空调系统中，水不仅可作为载冷剂，也可直接喷入空气中进行加湿和洗涤空气。

水的缺点是凝固点高，限制了它的应用范围，并且在作为温度接近 0℃ 的载冷剂时，应注意壳管式蒸发器等换热设备的防冻措施。

（二）盐水溶液

常用作载冷剂的盐水溶液有氯化钠、氯化钙等的水溶液，有时也使用氯化镁溶液。这些溶液的共晶点是：氯化钙 -55℃，氯化镁 -17℃，氯化钠 -21℃。实际上使用的温度应比共晶温度略高，例如，对于氯化钙溶液，使用的最低温度希望不低于 -40℃。

图 1-1 表示了盐水溶液的温度-质量分数图。如果盐水的浓度 ξ_a 比共晶浓度低，使其从常温冷却到固液平衡线上的 B 时，开始有水析出，继而冻结成冰。此时的温度称为溶液的起始凝固温度。当冷却到 C 点时，溶液中析出一定量的冰，而剩余的溶液浓度增大，在图中用点 C_1 表示。在这样的混合物中，浓盐水和冰的质量之比等于 l_1 与 l_2 之比。当继续被冷却到点 D 时，则变成 m_1 的共晶浓度和 m_2 的冰。再进一步冷却到更低温度时，m_1 的共晶浓度即变成为固溶体。

如果盐水的初始浓度大于共晶浓度，则首先冻结成固体的是盐而不是水冰。当这样的盐水被冷却到共晶温度时，即变成共晶溶液与固体盐的混合物。

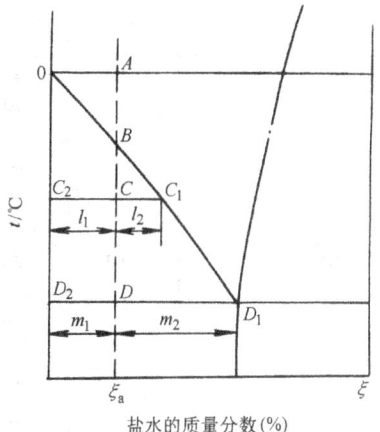

图 1-1 盐水溶液的温度-质量分数图

由图 1-1 可见，对于低于共晶浓度的溶液，随着浓度的增加，起始凝固温度不断降低；对于高于共晶浓度的溶液，随着浓度的增加，起始凝固温度不断升高。因此，实用上总是使用低于共晶浓度的溶液。通常是按照起始凝固温度比蒸发温度 t_0 低 5~8℃来确定溶液的浓度。

表 1-12 和表 1-13 列出氯化钠和氯化钙盐水溶液的物理性质。图 1-2~图 1-9 列出氯化钠和氯化钙的比热容、密度、粘度和导热系数。氯化钠和氯化钙在使用中安全、无毒、不燃烧、不爆炸。其主要缺点是对金属材料有腐蚀作用，因此在使用时应加缓蚀剂，调整溶液的 pH 值至 7~8.5。重铬酸钠($Na_2Cr_2O_7 \cdot 2H_2O$)具有缓蚀作用，通常在每 $1m^3$ 的氯化钙溶液里加 2kg 重铬酸钠，在每 $1m^3$ 氯化钠溶液里加 3.2kg 重铬酸钠。

表 1-12 氯化钠水溶液的物理性质

质量分数 ξ (%)	起始凝固温度 t_f/℃	密度 ρ (15℃)/ (kg/m³)	温度 t/℃	比热容 c/ [kJ/(kg·K)]	导热系数 λ/[W/(m·K)]	动力粘度 $\mu \times 1$ /(Pa·s)	运动粘度 $v \times 10^3$/ (m²/s)	热扩散率 $a \times 10^3$/ (m²/s)	普朗特数 Pr
7	-4.4	1050	20	3.843	0.593	1.08	1.03	1.48	6.9
			10	3.835	0.576	1.41	1.34	1.43	9.4
			0	3.827	0.559	1.87	1.78	1.39	12.7
			-4	3.818	0.556	2.16	2.06	1.39	14.8
11	-7.5	1080	20	3.697	0.593	1.15	1.06	1.48	7.2
			10	3.684	0.570	1.52	1.41	1.43	9.9
			0	3.676	0.556	2.02	1.87	1.40	13.4
			-5	3.672	0.549	2.44	2.26	1.38	16.4
			-7.5	3.672	0.545	2.65	2.45	1.38	17.8
13.6	-9.8	1100	20	3.609	0.593	1.23	1.12	1.50	7.4
			10	3.601	0.568	1.62	1.47	1.43	10.3
			0	3.588	0.554	2.15	1.95	1.41	13.9
			-5	3.584	0.547	2.61	2.37	1.39	17.1
			-9.8	3.580	0.540	3.43	3.13	1.37	22.9
16.2	-12.2	1120	20	3.534	0.573	1.31	1.20	1.45	8.3
			10	3.525	0.569	1.73	1.57	1.44	10.9
			-5	3.508	0.544	2.83	2.58	1.39	18.6
			-10	3.504	0.535	3.49	3.18	1.37	23.2
			-12.2	3.500	0.533	4.22	3.84	1.36	28.3
18.8	-15.1	1140	20	3.462	0.582	1.43	1.26	1.48	8.5
			10	3.454	0.556	1.85	1.63	1.44	11.4
			0	3.442	0.550	2.56	2.25	1.40	16.1
			-5	3.433	0.542	3.12	2.74	1.39	19.8
			-10	3.429	0.533	3.87	3.40	1.37	24.8
			-15	3.425	0.534	4.78	4.19	1.35	31.0
21.2	-18.2	1160	20	3.395	0.579	1.55	1.33	1.46	9.1
			10	3.383	0.563	2.01	1.73	1.44	12.1
			0	3.374	0.547	2.82	2.44	1.40	17.5
			-5	3.366	0.538	3.44	2.96	1.38	21.5
			-10	3.362	0.530	4.3	3.70	1.36	27.1
			-15	3.358	0.522	5.28	4.55	1.35	33.9
			-18	3.358	0.518	6.08	5.24	1.33	39.4

(续)

质量分数 ξ (%)	起始凝固温度 t_f/℃	密度 ρ (15℃)/ (kg/m³)	温度 t/℃	比热容 c/ [kJ/(kg·K)]	导热系数 λ/[W/(m·K)]	动力粘度 $\mu \times 1$/(Pa·s)	运动粘度 $v \times 10^3$/(m²/s)	热扩散率 $a \times 10^3$/(m²/s)	普朗特数 Pr
23.1	-21.2	1175	20	3.345	0.565	1.67	1.42	1.47	9.6
			10	3.333	0.549	2.16	1.84	1.40	13.1
			0	3.324	0.544	3.04	2.59	1.39	18.6
			-5	3.320	0.536	3.75	3.2	1.38	23.3
			-10	3.312	0.528	4.71	4.02	1.36	29.5
			-15	3.308	0.520	5.75	4.9	1.34	36.5
			-21	3.303	0.514	7.75	6.60	1.32	50.0

表1-13 氯化钙水溶液的物理性质

质量分数 ξ (%)	起始凝固温度 t_f/℃	密度 ρ (15℃)/ (kg/m³)	温度 t/℃	比热容 c/ [kJ/(kg·K)]	导热系数 λ/[W/(m·K)]	动力粘度 $\mu \times 1$/(Pa·s)	运动粘度 $v \times 10^3$/(m²/s)	热扩散率 $a \times 10^3$/(m²/s)	普朗特数 Pr
9.4	-5.2	1080	20	3.642	0.584	1.24	1.15	1.49	7.8
			10	3.634	0.570	1.55	1.44	1.45	9.9
			0	3.626	0.566	2.16	2.00	1.42	14.1
			-5	3.601	0.549	2.55	2.36	1.41	16.7
14.7	-10.2	1130	20	3.362	0.576	1.49	1.32	1.52	8.7
			10	3.349	0.563	1.86	1.64	1.49	11.0
			0	3.328	0.549	2.56	2.27	1.46	15.6
			-5	3.316	0.542	3.04	2.70	1.44	19.7
			-10	3.308	0.534	4.06	3.6	1.43	25.3
18.9	-15.7	1170	20	3.148	0.572	1.80	1.54	1.56	9.9
			10	3.140	0.558	2.24	1.91	1.52	12.6
			0	3.128	0.544	2.99	2.56	1.49	17.2
			-5	3.098	0.537	3.43	2.94	1.48	19.8
			-10	3.086	0.529	4.67	4.00	1.47	27.3
			-15	3.065	0.523	6.15	5.27	1.47	35.9
20.9	-19.2	1190	20	3.077	0.569	2.00	1.68	1.55	10.9
			10	3.056	0.555	2.45	2.06	1.53	13.4
			0	3.044	0.542	3.28	2.76	1.49	18.5
			-5	3.014	0.535	3.82	3.22	1.49	21.5
			-10	3.014	0.527	5.07	4.25	1.47	28.9
			-15	3.014	0.521	6.59	5.53	1.45	38.2
23.8	-25.7	1220	20	2.973	0.565	2.35	1.94	1.56	12.5
			10	2.952	0.551	2.87	2.35	1.53	15.4
			0	2.931	0.538	3.81	3.13	1.51	20.8
			-5	2.910	0.530	4.41	3.63	1.49	14.4
			-10	2.910	0.523	5.92	4.87	1.48	33.0
			-15	2.910	0.518	7.55	6.20	1.46	42.5

（续）

质量分数 $\xi(\%)$	起始凝固温度 $t_f/℃$	密度 ρ (15℃)/ (kg/m³)	温度 $t/℃$	比热容 $c/$ [kJ/ (kg·K)]	导热系数 $\lambda/$ [W/ (m·K)]	动力粘度 $\mu \times 1$ /(Pa·s)	运动粘度 $v \times 10^3/$ (m²/s)	热扩散率 $a \times 10^3/$ (m²/s)	普朗特数 Pr
23.8	-25.7	1220	-20	2.889	0.510	9.47	7.77	1.44	53.5
			-25	2.889	0.504	11.57	9.48	1.43	66.5
25.7	-31.2	1240	20	2.889	0.562	2.63	2.12	1.57	13.5
			10	2.889	0.548	3.22	2.51	1.53	16.5
			0	2.868	0.535	4.26	3.43	1.51	22.7
			-10	2.847	0.521	6.68	5.40	1.48	36.6
			-15	2.847	0.514	8.36	6.75	1.46	46.3
			-20	2.805	0.508	10.56	8.52	1.46	58.5
			-25	2.805	0.501	12.90	10.40	1.44	72.0
			-30	2.763	0.494	14.81	12.00	1.44	83.0
27.5	-38.6	1260	20	2.847	0.558	2.93	2.33	1.56	14.9
			10	2.826	0.545	3.61	2.87	1.53	18.8
			0	2.809	0.531	4.80	3.81	1.50	25.3
			-10	2.784	0.519	7.52	5.97	1.48	40.3
			-20	2.763	0.506	11.87	9.45	1.46	65.0
			-25	2.742	0.499	14.71	11.70	1.44	80.7
			-30	2.742	0.492	17.16	13.60	1.42	95.5
			-35	2.721	0.486	21.57	17.10	1.42	120.0
28.5	-43.5	1270	20	2.805	0.557	3.14	2.47	1.56	15.8
			0	2.780	0.529	5.12	4.02	1.50	26.7
			-10	2.763	0.518	8.02	6.32	1.48	42.7
			-20	2.721	0.505	12.65	10.0	1.46	68.8
			-25	2.721	0.500	15.98	12.6	1.44	87.5
			-30	2.700	0.491	18.83	14.9	1.43	103.5
			-35	2.700	0.484	24.52	19.3	1.42	136.5
			-40	2.680	0.478	30.40	14.0	1.41	171.0
29.4	-50.1	1280	20	2.805	0.555	3.33	2.65	1.55	17.2
			0	2.755	0.528	5.49	4.30	1.5	28.7
			-10	2.721	0.576	8.63	6.75	1.49	45.4
			-20	2.680	0.504	13.83	10.8	1.47	73.4
			-30	2.659	0.490	21.02	16.6	1.44	115.0
			-35	2.638	0.483	25.50	19.9	1.43	139.0
			-40	2.638	0.477	32.36	25.3	1.42	179.0
			-45	2.617	0.470	40.21	31.4	1.40	223.0
			-50	2.617	0.464	49.03	38.3	1.3	295.0
29.9	-55	1286	20	2.784	0.554	3.51	2.75	1.55	17.8
			0	2.738	0.528	5.69	4.43	1.50	29.5
			-10	2.700	0.515	9.04	7.04	1.48	47.5
			-20	2.680	0.502	14.42	11.23	1.46	77.0
			-30	2.659	0.488	22.56	17.6	1.43	123.0
			-35	2.638	0.483	28.44	22.1	1.42	156.0
			-40	2.638	0.476	35.30	27.5	1.40	196.0
			-45	2.617	0.470	43.15	33.5	1.39	240.0
			-50	2.617	0.463	50.99	39.7	1.38	290.0
			-55	2.596	0.456	64.72	50.2	1.36	368.0

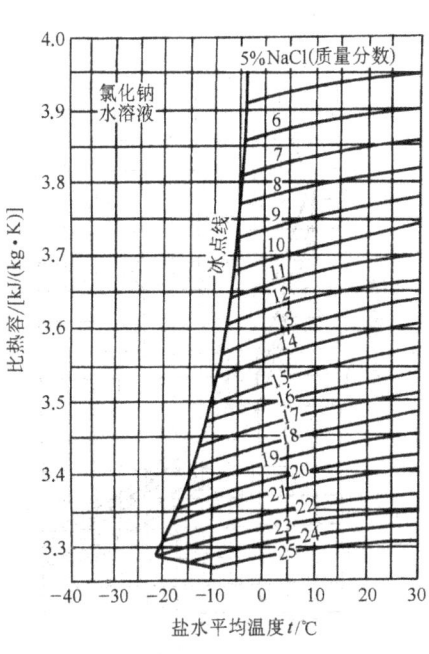
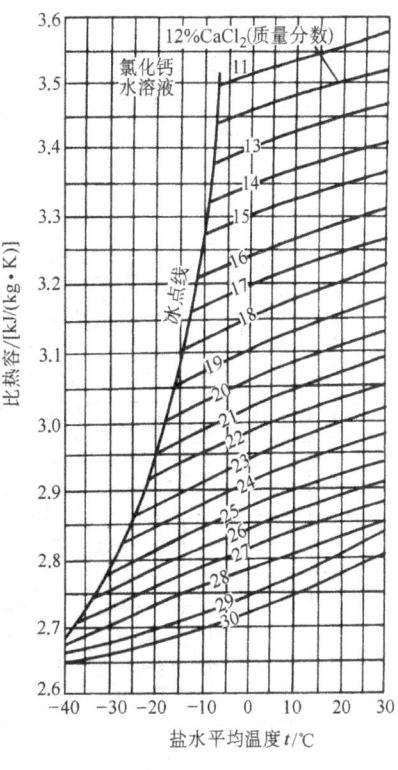

图 1-2 氯化钠溶液的比热容　　　　图 1-3 氯化钙溶液的比热容

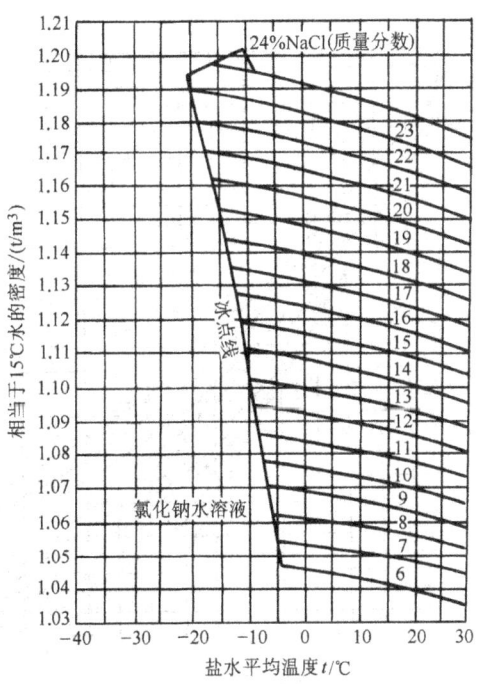

图 1-4 氯化钠溶液的密度

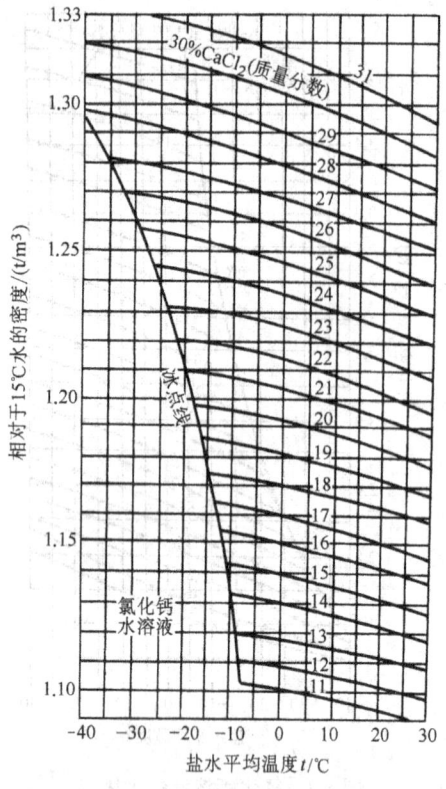

图 1-5 氯化钙溶液的密度

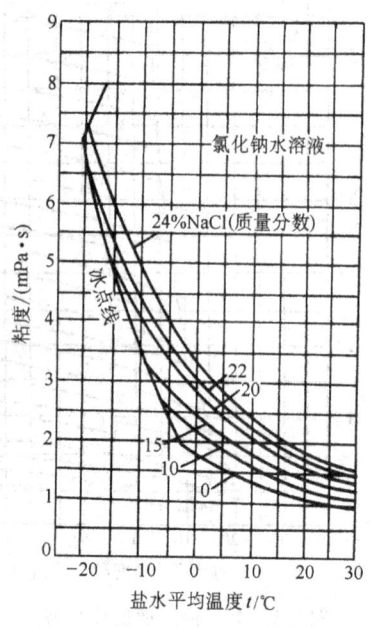

图 1-6 氯化钠溶液的粘度

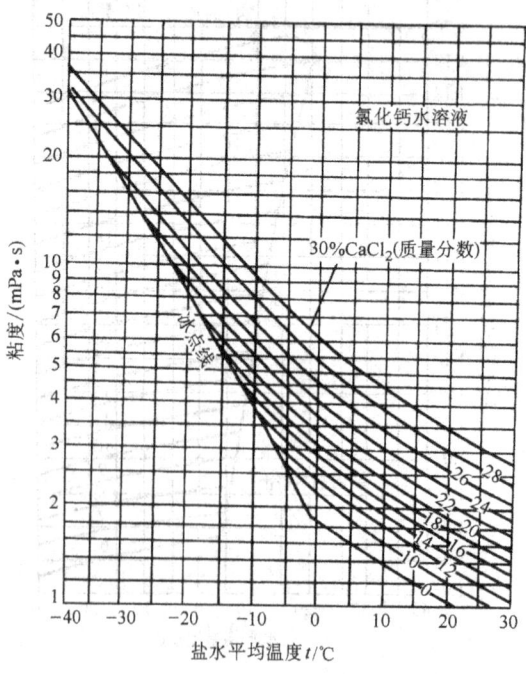

图 1-7 氯化钙溶液的粘度

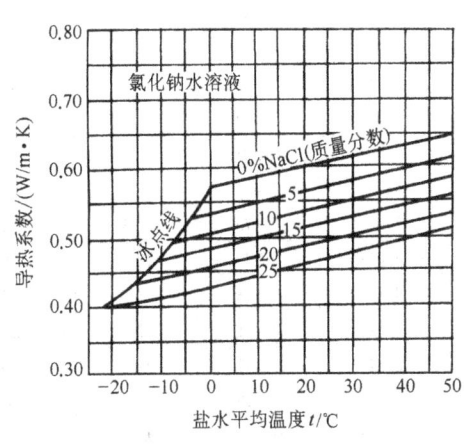
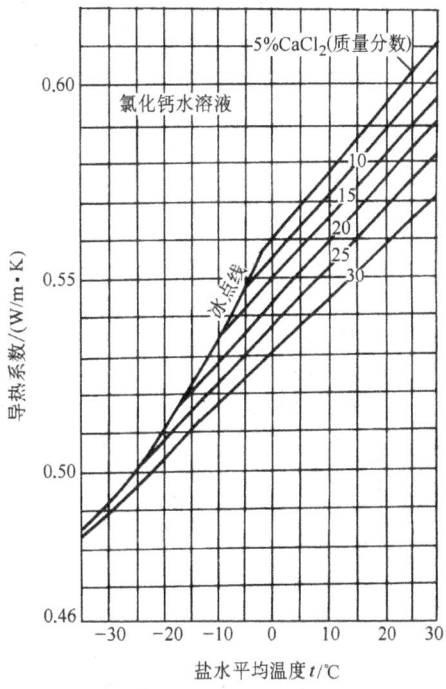

图 1-8 氯化钠溶液的导热系数　　　图 1-9 氯化钙溶液的导热系数

（三）有机溶液

用作载冷剂的有机溶液有乙二醇、丙三醇、甲醇、乙醇、二氯甲烷、三氯乙烯等。有机溶液的凝固点普遍比水和盐水的凝固点低，所以被广泛地用于低温制冷装置中。

1．乙二醇水溶液

乙二醇（CH_2OHCH_2OH）具有无色、无味、不燃烧、化学性质稳定的特征。其水溶液略有毒性，但不损害食品，并略具腐蚀性，使用时需加缓蚀剂。乙二醇水溶液的凝固点随浓度的增大而降低，常用于中央空调的冰蓄冷设备中，其价格较氯化钙贵。

2．丙三醇水溶液

丙三醇（$CH_2OHCHOHCH_3$）是无色、无味、无毒、对金属不腐蚀，并且是极稳定的化合物，可与食品直接接触而不引起腐蚀，并有抑制微生物生长的作用，所以常被用于啤酒、制乳工业以及某些接触食品的冷冻装置中。

3．乙醇水溶液

乙醇（C_2H_3OH）是具有芳香味的无色易燃液体，凝固温度为 -144℃，可用作 -100℃以上的低温载冷剂。乙醇可以任意比例溶于水，易挥发，易燃。通常使用纯乙醇或乙醇水溶液作载冷剂。

4．二氯甲烷

二氯甲烷（CH_2Cl_2）的分子量为 84.9，标准沸点为 40.7℃，凝固点为 -96.7℃，无色并带少许丙酮臭味。纯净的二氯甲烷和带水的（水在二氯甲烷中的溶解度很小）二氯甲烷对铝、铜、锡、铅和铁不起腐蚀作用。在 80℃时能腐蚀黄铜里的锌；高温下带有大量水分时，会腐蚀铁。纯净的二氯甲烷在 120℃时开始分解，在 400℃时才呈现最大分解。可燃性很小。二氯甲烷无毒，在空气中的浓度达到 5.1% ~ 5.3%（体积分数）时会造成人员窒息。

表 1-14 列出了几种常用载冷剂的物理性质比较。

表 1-14 几种常用载冷剂的热物理性质比较

使用温度 /℃	载冷剂名称	质量分数 ξ (%)	密度 $\rho \times 10^3$/(kg/m³)	比热容 c/[kJ/(kg·K)]	导热系数 λ/[W/(m·K)]	动力粘度 $\mu \times 10^3$/(Pa·s)	凝固温度 /t_f(℃)
0	氯化钙水溶液	12	1.111	3.465	0.528	2.5	-7.2
	甲醇水溶液	15	0.979	4.187	0.494	6.9	-10.5
	乙二醇水溶液	25	1.030	3.834	0.511	3.8	-10.6
-10	氯化钙水溶液	20	1.188	3.041	0.501	4.9	-15.0
	甲醇水溶液	22	0.970	4.066	0.461	7.7	-17.8
	乙二醇水溶液	35	1.063	3.561	0.473	7.3	-17.8
-20	氯化钙水溶液	25	1.253	2.818	0.476	10.6	-29.4
	甲醇水溶液	30	0.949	3.813	0.388	—	-23
	乙二醇水溶液	45	1.080	3.312	0.441	21	-26.6
-35	氯化钙水溶液	30	1.312	2.641	0.441	27.2	-50
	甲醇水溶液	40	0.963	3.500	0.326	12.2	-42
	乙二醇水溶液	55	1.097	2.975	0.373	90.0	-41.6
	二氯甲烷	100	1.423	1.146	0.204	0.80	-96.7
	三氯乙烯	100	1.549	0.998	0.150	1.13	-88
	三氯一氟甲烷	100	1.608	0.817	0.132	0.88	-111
-50	二氯甲烷	100	1.450	1.146	0.190	1.04	-96.7
	三氯乙烯	100	1.578	0.728	0.171	1.90	-88
	三氯一氟甲烷	100	1.641	0.813	0.136	1.25	-111
-70	二氯甲烷	100	1.478	1.146	0.221	1.37	-96.7
	三氯乙烯	100	1.590	0.457	0.196	3.40	-88
	三氯一氟甲烷	100	1.660	0.834	0.150	2.15	-111

第二章 单级蒸气压缩制冷理论循环

在普冷的技术领域内，蒸气压缩制冷、蒸汽喷射制冷、吸收式制冷和热电制冷等是常用的制冷方法，其中蒸气压缩制冷从 19 世纪 70 年代开始发展，到如今已有 100 多年的历史，是目前发展比较完善、应用最为广泛的方法之一。蒸气压缩式制冷的特点有以下几点：

1) 能得到较宽的制冷温度范围，从稍低于环境温度到 -150℃ 左右的温度均可实现。

2) 单机容量大、规格多。单机制冷量从 100W 到数千千瓦。有大、中、小各种容量，可以根据需要选择，非常方便。

3) 中小容量范围的设备比较紧凑，可适应不同场合的需要，目前广泛用于空气调节、食品冷藏、石油、化工等领域。

4) 在普冷领域的较高温度范围内，效率较高，制冷系数较大。

5) 在温度较低时，其综合性能变差。通常当使用温度低于 -70℃ 时，级数增加，机器变得十分复杂，可靠性低，不易维护使用，成本也大大提高。

6) 要使用专门的制冷剂，而有的制冷剂造成对环境的污染和破坏。

在制冷技术的应用中，由于大多数场合所用温度在 -50℃ 以上，故蒸气压缩制冷在低温下的缺点不明显，加上新型制冷剂的研制，蒸气压缩制冷仍是目前制冷技术中的主流，广泛用于工业生产、食品冷藏、空气调节及科研实验等多方面。

根据不同的温度需要，蒸气压缩制冷循环可分为单级蒸气压缩制冷循环、多级蒸气压缩制冷循环和复叠式蒸气压缩制冷循环等，每一种循环有各自的特点和温度适用范围。本章重点介绍最基本的单级蒸气压缩制冷理论循环，它是构成其他循环的基础。

第一节 单级压缩制冷系统的组成和工作过程

蒸气压缩制冷属于相变制冷，它利用液体气化制冷的原理，使制冷剂从某一初始状态流经蒸气式压缩机、冷凝器、节流阀、蒸发器后仍回复到初态的制冷循环。这种制冷方法利用制冷剂的液—气状态变化过程，实现定温吸热和放热，使制冷循环较为接近逆向卡诺循环，因而有较高的循环效率。

所谓单级蒸气压缩制冷循环，是指制冷剂在一次循环中只经过一次压缩，最低蒸发温度 t_0 可达 -40 ~ -30℃。单级蒸气压缩制冷广泛用于制冷、冷藏、工业生产过程的冷却，以及空气调节等各种低温要求不太高的制冷工程。

一、单级压缩制冷系统的组成

在蒸气压缩式制冷中，单级压缩是最基本、最简单的循环。一个单级蒸气压缩制冷循环至少需要有压缩机、冷凝器、节流装置、蒸发器四个基本部件组成，它们之间用管道依次联接，形成一个完全封闭的系统。制冷剂在制冷系统中循环，连续不断地从蒸发器中吸取热量和在冷凝器中放出热量，从而实现了制冷目的。单级蒸气压缩制冷循环的原理如图 2-1 所示。

1. 蒸发器

蒸发器是使低温液态制冷剂和需要制冷的介质交换热量的换热器。低温液态制冷剂流入蒸发器时,通过蒸发器管壁吸收周围介质(空气或液体载冷剂)的热量而沸腾气化,使介质的温度降低或保持一定的低温状态,从而达到制冷目的。常用蒸发器有冷却液体载冷剂的蒸发器和冷却空气的蒸发器。

2. 压缩机

压缩机消耗一定的外功后,把从蒸发器吸入的低温低压制冷剂蒸气压缩成高温高压蒸气,使蒸气的压力提高到与冷凝器温度对应的冷凝压力 p_k,并把它们排入冷凝器中,从而保证制冷剂蒸气能在常温下被冷凝液化。如果把制冷剂比为"血液",则压缩机可比为"心脏"。常用制冷压缩机的形式有活塞式、回转式和离心式。

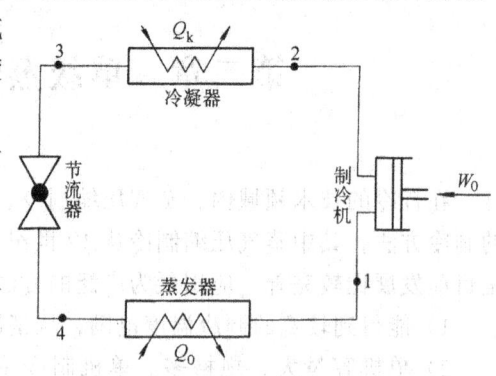

图 2-1 单级蒸气压缩式制冷循环原理图

3. 冷凝器

高温高压的制冷剂蒸气进入冷凝器后,由于冷却介质(空气或水)的冷却作用,蒸气的温度降低,被冷凝成液体。所以冷凝器是让气态制冷剂向环境介质放热冷凝液化的换热器,有水冷式和空冷式。

4. 节流装置

冷凝器冷凝得到的液态制冷剂的温度和压力为冷凝温度 t_k 和冷凝压力 p_k,要高于蒸发温度 t_0 和蒸发压力 p_0,在进入蒸发器前需要使它降压降温。节流装置的作用就是通过节流的膨胀、降压作用,将冷凝后的制冷剂液体的压力降低到蒸发压力 p_0 后,送入蒸发器蒸发制冷。可使制冷剂液体节流降压的设备有热力膨胀阀、浮球调节阀、手动节流阀及毛细管等多种。

二、工作过程和特点

由图 2-1 所示的单级蒸气压缩制冷循环的工作过程简述如下:在蒸发器中产生的压力为 p_0 的制冷剂蒸气,首先被压缩机吸入并压缩到冷凝压力 p_k,然后进入冷凝器中,被冷却水或空气冷却凝结成压力为 p_k 的高压液体,制冷剂液体经节流机构绝热膨胀,压力降低到蒸发压力 p_0,同时降温到蒸发温度 t_0,变成气液两相混合物,然后进入蒸发器中,在低温下吸取被冷却对象(液体载冷剂或空气)的热量而蒸发成蒸气。这样,便完成了制冷循环。

综上所述,让制冷剂不断经历蒸发(沸腾气化)→压缩(升温升压)→冷凝(液化)→节流(降压降温)→再蒸发的循环,就可不断连续制冷。

单级蒸气压缩制冷循环具有以下特点:

1) 制冷设备需组成一个封闭的系统,制冷剂在其中循环流动,并在一次循环中要连续两次发生相变(一次冷凝、一次蒸发)。

2) 实现制冷循环的推动力来自压缩机,在它与节流装置的配合下,将制冷系统分为低压和高压两个部分。在低压部分中,通过蒸发器向被冷却物体吸热。在高压部分中,通过冷凝器向环境介质放热。

3) 制冷剂蒸气只经过一次压缩,从蒸发压力 p_0 压缩到冷凝压力 p_k。

第二节 单级蒸气压缩式制冷理想循环

一、循环、正循环、逆循环

由热力学可知,对于一般热机,可通过工质的热力状态变化,将热能转化为机械能,从而对外作功。工质作功是一个膨胀过程,但是任何一个热力膨胀过程都是有一定限度的。为了使工质能够不断地重复具备膨胀作功的条件,必须使工质在作功后再经历某些压缩过程,使它回复到膨胀前的原来状态。这种使工质经过一系列的状态变化,重新又回复到原来状态的整个过程,称为循环。

我们将热能转化为机械能的循环称为正循环或热机循环。而将机械能转化为热能的循环称为逆循环,逆循环又称为制冷循环或热泵循环。

热机、制冷机和热泵之间的对比如图2-2所示。

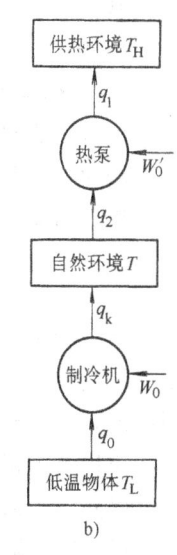

图2-2 热机、制冷机和热泵之间的对比关系图

二、逆向卡诺循环

本节首先讨论制冷的理想循环,即逆向卡诺循环,重点了解逆向卡诺循环的概念及其影响因素,这对我们今后分析理论制冷循环和实际制冷循环具有理论指导意义。

1. 无温差传热的逆向卡诺循环

卡诺循环又称为理想热机循环,它是由两个可逆等温过程和两个可逆绝热过程组成的可逆正循环。在给定的高低温热源条件下,按卡诺循环工作,热效率最高。它解决了热机循环中热能的最大利用程度问题。

逆向卡诺循环是卡诺循环的逆循环,它也是由两个可逆等温过程和两个可逆绝热过程组成,但按逆时针方向运行,它是工作在一个恒温冷源和一个恒温热源间的理想制冷循环,如图2-3所示的 T-s 图。

设恒温冷源的温度为 T_L,恒温热源的温度为 T_H,并假设制冷剂在循环中向恒温冷源吸热时的温度及向恒温热源放热时不存在温差,即温度分别也是 T_L 和 T_H。整个逆循环的过程如下:

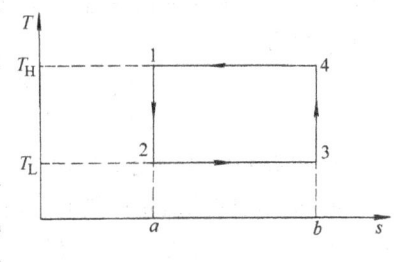

图2-3 无温差传热的逆向卡诺循环的 T-s 图

1—2 是绝热膨胀过程,系统对外界作膨胀功,同时工质温度由 T_H 降为 T_L。

2—3 是等温膨胀过程,在该过程中,工质从冷源(被冷却物体)吸取热量 Q_0。

3—4 为绝热压缩过程,在该过程中,系统消耗外功,使工质温度由 T_L 升高为 T_H。

4—1 过程为可逆等温压缩过程,在此过程中,工质在 T_H 下向恒温热源(环境介质)放热量 Q_k,回到原始状态1,从而完成一个逆向循环。

完成逆卡诺循环的结果是,消耗了一定数量的机械功,并和从冷源取得的热量一起排给热源。由于热量由低温移向高温,类似于将水从低处泵送到高处,所以按逆卡诺循环工作的

"热机"称为制冷机或热泵。

由热力学可知:

工质从恒温冷源吸取的热量即制冷量 $Q_0 = T_L(s_3 - s_2)$,用面积 $23ba2$ 表示。

工质向恒温热源放出热量 $Q_k = T_H(s_4 - s_1)$,用面积 $41ab4$ 表示。

压缩过程所消耗的功与膨胀过程所获取的功的差值,即为工质完成一个循环所消耗的净功。从热力学第一定律可知,其值又为向高温热源放出的热量与从低温热源吸取的热量之差,即为:

$W_0 = Q_k - Q_0 = T_H(s_4 - s_1) - T_L(s_3 - s_2) = (s_4 - s_1)(T_H - T_L)$,用面积 12341 表示。

以制冷为目的制冷循环中,工质从恒温冷源吸取的热量 Q_0 又称为制冷量,其与所消耗的净功 W_0 之比称为制冷系数,用 ε 表示。它是评价制冷循环的经济性指标。

逆卡诺循环制冷系数用 ε_c 表示,其公式为

$$\varepsilon_c = \frac{Q_0}{W_0} = \frac{T_L}{T_H - T_L} \tag{2-1}$$

由式(2-1)可知,逆卡诺循环制冷系数的大小与工质性质无关,仅取决于恒温冷源的温度 T_L 和恒温热源的温度 T_H。逆卡诺循环是制冷循环中效率最高、制冷系数最大的循环,是制冷的理想循环。

由以上可得到如下结论:

(1) ε_c 取决于冷源和热源的温度,而与所用工质(制冷剂)的性质无关。

(2) 冷热源的温差 $T_H - T_L$ 越大,比值就越小,制冷循环的经济性越差。

(3) 在一定的温度条件下,逆卡诺循环的制冷系数 ε_c 最大,任何实际制冷循环的制冷系数 ε 都小于 ε_c。制冷系数 ε 可以小于1,也可以等于或大于1。

如果逆循环是以供热为目的,即是为了向高温热源输送热量,则此循环称为热泵循环。热泵循环和制冷循环都是逆循环,只是它们的目的不同。热泵循环经济性指标用供热系数 η 表示,其定义为循环向高温热源的供热量 Q_k 与外部所消耗的净功 W_0 之比,逆卡诺循环的供热系数为:

$$\eta_c = \frac{Q_k}{W_0} = \frac{T_H(s_4 - s_1)}{(T_H - T_L)(s_4 - s_1)} = \frac{T_H}{T_H - T_L} \text{供热系数恒大于1}$$

2. 有温差传热的逆卡诺循环

前面所述的无温差传热的逆向卡诺循环是假定工质与热源、冷源进行热交换时为无温差的传热,这就意味着在传热过程需要的热交换器的面积无限大,这在实际中显然是不能实现的。实际上,工质在吸热过程中,它的温度 T_0 总是低于被冷却物体的温度 T_L;在放热过程中,它的温度 T_k 总是高于环境介质温度 T_H。

具有恒定温差传热的逆卡诺循环的 T-s 图如图2-4所示。

若无温差传热的逆卡诺循环的过程线用 12341 表示,有温差传热的逆卡诺循环的过程线用 $1'2'3'4'1'$ 表示,并假定有温差传热循环的制冷量与无温差传热时的制冷量相等,即面积 $23ba2$ = 面积 $2'3'b'a2'$,则无温差传热循环所消耗的功用面积 12341 表示,有温差传热时循环所消耗的

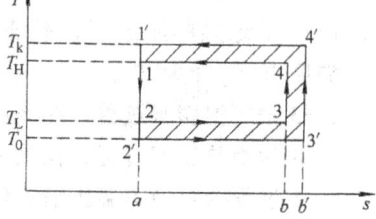

图2-4 有恒定温差传热的
逆卡诺循环的 T-s 图

功用面积 $1'2'3'4'1'$ 表示，比较两个面积，可看出有温差传热比无温差传热多消耗外功 ΔW，用图中阴影线面积表示。因此有温差传热时的制冷系数 $\varepsilon_c = \dfrac{Q_0}{W_0 + \Delta W} = \dfrac{T_0}{T_k - T_0}$ 比无温差传热的制冷系数 $\varepsilon_c = \dfrac{Q_0}{W_0} = \dfrac{T_L}{T_H - T_L}$ 要小。从以上分析可知，由于存在有温差传热这个不可逆因素，使有温差传热的逆卡诺循环在获取相同的制冷量时比无温差传热的逆卡诺循环要多消耗外部机械功，这进一步说明无温差传热的逆卡诺循环是具有恒温热源时的理想循环，在给定的相同温度条件下，它具有最大的制冷系数。

三、热力完善度

在实际制冷循环中，逆卡诺循环是不存在的，实际制冷循环中由于存在系统与外界或系统内部的不可逆因素，比如工质在与冷源和热源的传热过程中存在温差，工质在循环中存在摩擦、扰动、节流、不可逆压缩等各种形式的不可逆因素，实际的逆向循环其效率总是小于无温差传热的逆卡诺循环的效率，其不可逆性程度用热力完善度来衡量。我们把工作于相同温度区间的不可逆制冷循环的实际制冷系数 ε 与可逆循环的制冷系数 ε_c 的比值，称为该不可逆循环的热力完善度 β，即

$$\beta = \frac{\varepsilon}{\varepsilon_c} \tag{2-2}$$

β 值越接近于 1，说明实际循环越接近可逆循环，不可逆损失越小，经济性越好。

应当说明的是，制冷系数 ε 只是从热力学第一定律，即能量转换的数量角度反映循环的经济性，在数值上它可以小于 1、等于 1 或大于 1；而热力完善度 β 同时考虑了能量转换的数量关系和实际循环中的不可逆程度的影响，在数值上它始终小于 1。当我们比较两个不同的制冷循环的经济性时，如果两者的冷源温度及热源的温度分别相同时，则采用 β 与 ε 比较是等价的；如果两个不同制冷循环的冷源温度及热源的温度不相同时，采用 ε 比较是无意义的，这时只有采用热力完善度 β 比较才是有意义的。因为制冷系数 ε 随循环的工作温度和循环特性而变化，因此只能用来评价一定温度下的制冷循环的经济性，而热力完善度 β 则用来判断实际制冷循环接近理想循环的程度。

例 2-1 设热源温度 $T_H = 303K$，冷源温度 $T_L = 263K$。

求 1) 可逆制冷机的制冷系数；

2) 当制冷剂与冷、热源的传热温差均为 10℃时的制冷系数及热力完善度。

解 1) 可逆制冷机(无温差传热)制冷系数为

$$\varepsilon_c = \frac{T_L}{T_H - T_L} = \frac{263}{303 - 263} = 6.58$$

2) 制冷剂与冷、热源的传热温差均为 10℃时的制冷系数为

$$\varepsilon_c = \frac{T_0}{T_k - T_0} = \frac{263 - 10}{(303 + 10) - (263 - 10)} = 4.22$$

热力完善度

$$\beta = \frac{\varepsilon}{\varepsilon_c} = \frac{4.22}{6.58} = 0.64$$

例 2-2 有两台制冷机，设第一台制冷机的热源温度 $t_H = 30℃$，冷源温度 $t_L = -10℃$，制冷系数 $\varepsilon_1 = 4.0$；第二台制冷机的热源温度 $t_H = 35℃$，冷源温度 $t_L = -40℃$，制冷系数 ε_2

= 2.6。

求：哪一台制冷机的经济性好？

解：第一台制冷机的逆卡诺循环的制冷系数为

$$\varepsilon_{c1} = \frac{T_L}{T_H - T_L} = \frac{263}{303-263} = 6.58$$

热力完善度为

$$\beta_1 = \frac{\varepsilon_1}{\varepsilon_{c1}} = \frac{4.0}{6.58} = 0.61$$

第二台制冷机的逆卡诺循环的制冷系数为

$$\varepsilon_{c2} = \frac{T_L}{T_H - T_L} = \frac{233}{308-233} = 3.1$$

热力完善度为

$$\beta_2 = \frac{\varepsilon_2}{\varepsilon_{c2}} = \frac{2.6}{3.1} = 0.84$$

由以上例题可知，虽然第一台制冷机制冷系数 ε_1 大于第二台制冷机的制冷系数 ε_2，但由于它们的工作温度区间不同，计算得知第二台制冷机的热力完善度 β_2 大于第一台制冷机的热力完善度 β_1，说明第二台制冷机的不可逆损失小，制冷机的经济性能较好。所以两个不同制冷循环的冷源温度及热源的温度不相同时，采用 ε 比较是无意义的，只有采用热力完善度 β 比较才是有意义的。

第三节 单级蒸气压缩式制冷理论循环

逆向卡诺循环是假想的理想循环，与实际的制冷循环有很大差别，人们参照逆向卡诺循环和实际制冷循环提出了理论制冷循环的模型，以便于实际制冷循环的热力分析。

一、理论制冷循环及其温熵(T-s)图

由第一节的论述可知，单级压缩制冷机的工作过程是由制冷剂的压缩、冷却和冷凝、节流膨胀、蒸发等四个热力过程组成的封闭过程，称为单级压缩蒸气制冷循环。制冷机的实际工作过程是比较复杂的，受多种外部及内部条件的影响。为了便于进行分析，先研究单级压缩制冷机的理论循环。

制冷机的理论循环是在最理想的情况下，制冷机可以实现的工作循环。所谓最理想的情况是基于如下的几点假设：

1）制冷剂流过设备和管道、阀门时没有阻力，也不存在泄漏。

2）除蒸发器和冷凝器外，其他设备和管道、阀门均在绝热条件下工作，制冷剂流过时与之不发生热交换；理论制冷循环中制冷剂与冷源和热源之间存在热交换，但假定传热温差为无限小。

3）压缩过程中不存在任何损失，因而压缩过程为等熵过程，并且压缩机吸气时制冷剂为干饱和蒸气状态。

4）制冷剂在节流前无过冷，并且为等焓节流。

根据这些假定，可对单级蒸气压缩制冷循环的工作过程加以理想化，从而抽象出单级蒸

气压缩制冷的理论循环,其温熵(T-s)图如图 2-5 所示。

图中点 1 表示出蒸发器的蒸气状态,且取为蒸发压力 p_0 下的饱和蒸气,1—2 表示制冷剂蒸气在压缩机中的等熵压缩过程。点 2 表示压缩机的排气,是冷凝压力 p_k 下的过热蒸气状态。2—3—4 表示在压力 p_k 下的等压冷却过程 2—3 及冷凝过程 3—4,其中点 3 表示 p_k 压力下的饱和蒸气状态,点 4 表示冷凝后的饱和液体状态。4—5 表示绝热节流过程,这一过程在两相区内进行,节流前后制冷剂的焓值相等,压力由 p_k 降为 p_0。5—1 表示制冷剂在蒸发器中的等压蒸发过程,在这一过程中制冷剂液体全部转化为蒸气,吸收冷源的热量,对外提供制冷量。

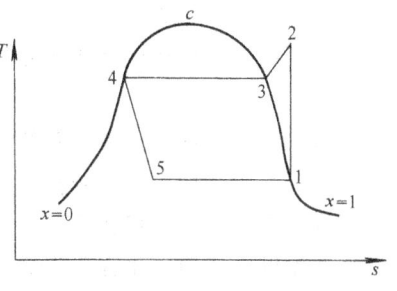

图 2-5 单级蒸气压缩制冷理论循环的 T-s 图

由以上分析可知,单级蒸气压缩制冷理论循环,在外部仅存在压缩后的过热蒸气之被冷却成干饱和蒸气过程中的传热温差这一不可逆耗散,在内部仅存在节流这一不可逆耗散,所以理论制冷循环属于不可逆循环的范畴,但它是不可逆循环中不可逆因素最少的制冷循环。我们用这一假定的理论循环,使实际制冷循环得以简化,以便于用热力学的方法来分析和研究实际的制冷循环。

二、理论制冷循环的压焓(p-h)图

用热力状态图不仅可以研究循环中每一个过程,而且可以了解各过程之间的关系,因此,熟悉制冷剂的有关状态参数图以及热力过程的表示方法和变化,成为学习压缩式制冷理论最重要的内容之一。

表示制冷剂的有关状态参数图有多种,如温熵(T-s)图、压焓(p-h)图等。在制冷循环的有关计算中,因为循环的各个过程中功与热量的变化均可用焓值的变化来加以计算,因此用压焓(p-h)图比温熵(T-s)图更为方便。

1. 制冷剂的压焓(p-h)图

制冷剂的 p-h 图是用来分析和计算压缩式理论制冷循环最广泛的状态参数图之一。该图以制冷剂的比焓值 h 作为横坐标,绝对压力 p 为纵坐标(为了缩小图面,通常纵坐标压力采用对数坐标 $\lg p$),但要注意:从图上读得的数值仍为绝对压力值,而不是压力的对数值。图 2-6 为 p-h 结构图。

图中的 c 点为制冷剂的临界点,c 点左侧的实线为各个压力下的饱和液体线,该线上任何点的干度 $x=0$(即全部为液体)。c 点右侧实线为干饱和蒸气线,该线上任何点的干度 $x=1$(即全部为蒸气)。这两条饱和线将图面分为三个区域:饱和液体线的左侧为过冷液体区(液体温度低于同压力下的饱和温度);干饱和蒸气线的右侧为过热蒸气区(蒸气温度高于同压力下的饱和温度);两条饱和线之间为湿蒸气区,制冷剂在湿蒸气区内处于气液两相混合状态,它的温度等于所处压力状态下的饱和温度,各点的 x 值反映了湿蒸气在该状态下蒸气含量的百分比。这样,制冷剂在某一压力下可能出现五种状态:即过冷液体、饱和液体、湿蒸气、干饱和蒸气和过热蒸

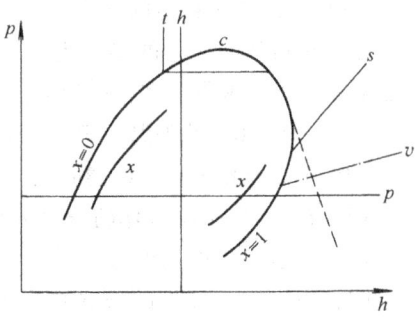

图 2-6 制冷剂的 p-h 结构图

气。制冷剂的五种状态在压缩式制冷循环中均会出现。图中共有六种等参数线簇：

等压线——水平线；

等焓线——垂直线；

等温线——液体区几乎为垂直线，两相区为水平线，过热区为向右下方弯曲的倾斜虚线；

等熵线——向右上方倾斜的实线；

等容线——向右上方倾斜的点划线，其斜率比等熵线平坦；

等干度线——只存在于湿蒸气区域内，其方向视干度大小而定。

在温度、压力、比容、比焓、比熵、干度等参数中，只要知道其中任何两个状态参数，就可以在 p-h 图上确定过热蒸气或过冷液体的状态点，从而该状态下的其他参数便可直接从图中读出。对于饱和蒸气和液体，只需要知道一个状态参数，就能在图中确定其状态。

在本书附录中给出了一些常用制冷剂的饱和液体及蒸气的热力性质表和相应的压焓图。有关制冷剂的饱和热力性质可直接查表。对于过热蒸气的热力性质，则从附录中相应的图或过热蒸气性质表中查找。对于过冷液体的热力性质，由于液体的不可压缩性，可以近似认为它的参数不随压力而变，只是温度的函数。工程计算中常用饱和液体的参数值，近似替代同温度下过冷液体的参数值。

下面举例说明制冷剂饱和热力性质表及压焓图的应用。

例 2-3 已知饱和液体氨的温度为 30℃。

求：该温度下氨的压力、液体的比焓及饱和蒸气的比焓。

解：由附表 1 氨的饱和热力性质表，从温度这一栏找到 30℃ 这一行，可查得压力 $p = 1169$kPa；饱和液体比焓 $h' = 343.03$kJ/kg；饱和蒸气比焓 $h'' = 1474.80$kJ/kg。

例 2-4 已知 R22 的压力为 1×10^5Pa，温度为 10℃。

求：该状态下 R22 的比焓、比熵及比容。

解：由附表 3 R22 的饱和热力性质表，查得 R22 温度为 10℃ 时，其对应的饱和压力为 680.70kPa，但题中给出的压力为 1×10^5Pa，低于同温度下的饱和压力，可见本例题所给的 R22 处于过热状态，它的参数无法直接从饱和热力性质表上查找，应该利用附录中附图 5 R22 的 p-h 图来求得。在相应的 R22 p-h 图中，从纵坐标上找到压力为 0.1MPa(1bar) 的点作水平线，与 10℃ 的等温线所相交的点，即为所求的状态点。从图中可查得 $h'' = 420$kJ/kg；$s'' = 1.95$kJ/(kg·K)；$v'' = 0.28$m³/kg。

例 2-5 已知 R12 液体的压力为 8×10^5Pa，温度为 10℃。

求：该状态下的比焓值。

解：由附表 2 R12 的饱和热力性质表，根据温度为 10℃，可查得相应的饱和压力为 423.3kPa，低于题中给定的压力，说明该液体处于过冷状态，可以用同温度下的饱和液体的状态来替代。因此，由温度为 10℃，查得相应的饱和液体的比焓值为 209.323kJ/kg。过冷液体状态的参数值也可从附图 4 中 R12 的 p-h 图中获得。在 p-h 图上，首先找到 0.8MPa 的等压线，它与 10℃ 的等温线相交的点，即为所给条件下过冷液体的状态点。它的比焓值可从该点引一条垂线，从横坐标上读得 $h' = 209$kJ/kg。

从查表和查图这两种方法获得的结果看出，查表获得的参数值更为精确。

例 2-6 已知制冷剂为 R22，现将压力为 2×10^5Pa (2bar) 的饱和蒸气等熵压缩到 10 ×

$10^5 Pa$ (10bar)。

求：压缩后制冷剂的比焓值及温度。

解：由于 R22 饱和蒸气经等熵压缩后一定是处于过热状态，在无过热蒸气热力性质表的情况下，压缩后的状态参数只能从图中获得。查附图 5 R22 的 p-h 图，由压力为 0.2MPa (2bar) 的等压线交饱和蒸气线于 A 点(见图2-7)，过 A 点作等熵线，与 1MPa (10bar) 的等压线交于 B 点，该点即为压缩后的状态点。由图可知，B 点的比焓值 $h'' = 437.5$kJ/kg；温度 $t = 53$℃。

2. 单级蒸气压缩式制冷理论循环过程在压焓图上的表示

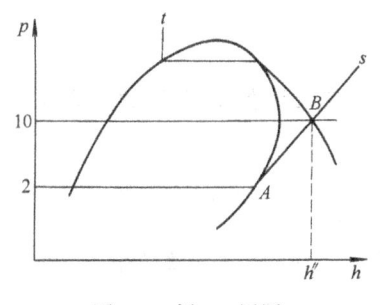 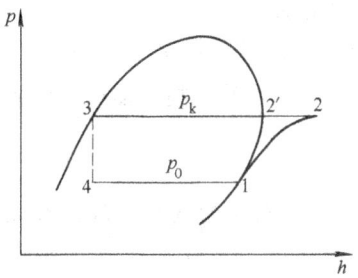

图 2-7 例 2-6 用图　　　　图 2-8 单级蒸气压缩制冷理论
　　　　　　　　　　　　　　　循环在压焓图上的表示

在掌握了制冷剂的压焓图后，下面说明单级蒸气压缩制冷理论循环工作过程在压焓图上表示，如图 2-8 所示。

点 1 表示制冷剂出蒸发器、也是进入压缩机的状态。它是对应于蒸发温度 t_0 下的饱和蒸气，该点位于等压线 p_0 与饱和蒸气线的交点上。

点 2 表示制冷剂出压缩机的状态，也是进冷凝器时的状态。过程线 1—2 表示制冷剂蒸气在压缩机中的等熵压缩过程($s_1 = s_2$)，由蒸发压力 p_0 压缩到冷凝压力 p_k，因此点 2 可由通过点 1 的等熵线和压力为 p_k 的等压线的交点来确定。点 2 处于过热蒸气状态。

点 3 表示制冷剂出冷凝器的状态，它是与冷凝压力 p_k 所对应的饱和液体，过程线 2—2′—3 表示制冷剂在冷凝器内冷却(2—2′)和冷凝(2′—3)过程。由于整个冷凝过程的压力不变，因此，压力为 p_k 的等压线和饱和液体线的交点即为点 3 的状态。

点 4 表示制冷剂出节流阀的状态，也就是进入蒸发器的状态。过程线 3—4 表示制冷剂在通过节流阀时的节流过程。在这一过程中，制冷剂的压力由 p_k 降到 p_0，温度也由 t_k 降到 t_0，进入两相区。由于节流前后制冷剂的焓值不变，因此，由点 3 作等焓线与等压线 p_0 的交点即为点 4 的状态。由于节流过程是不可逆过程，所以过程线 3—4 往往用虚线表示。

过程线 4—1 表示制冷剂在蒸发器中的沸腾(蒸发)过程。由于这一过程是在等温、等压下进行的，液体制冷剂吸取被冷却物体的热量而不断气化，所以制冷剂的状态沿等压线向干度增大的方向变化，直到全部变为饱和蒸气为止。这样，制冷剂的状态又重新回到进入压缩机前的状态，从而完成了一个理论循环。

三、单级压缩制冷机的理论循环的热力性能及分析

单级蒸气压缩式制冷理论循环热力计算的目的，就是要算出理论循环的性能指标，为实际循环计算和选择制冷设备提供原始数据，其计算的性能指标有单位质量制冷量、单位容积制冷量、单位理论功、冷凝器单位热负荷、制冷系数、热力完善度等。

1. 单位(质量)制冷量 q_0

单位制冷量是指 1kg 制冷剂在蒸发器中所吸收的热量,即

$$q_0 = (h_1 - h_4) \tag{2-3}$$

单位制冷量 q_0 也可用下式表示:

$$q_0 = r_0(1 - x_4) \tag{2-4}$$

式中 r_0——制冷剂在蒸发温度 t_0 时的气化潜热;x_4——制冷剂节流后湿蒸气的干度。

由式(2-4)可知,单位制冷量与制冷剂的性质有关,节流后的干度与节流前、后压力及节流前温度有关。

2. 单位容积制冷量 q_v

单位容积制冷量是指压缩机每吸入 1m³ 制冷蒸气(吸入状态)能取得的制冷量,即

$$q_v = \frac{q_0}{v_1} \tag{2-5}$$

式中 v_1——压缩机吸入蒸气的比容(m³/kg)。

吸气比容 v_1 受蒸发压力 p_0 的影响很大,p_0 越低,v_1 越大,q_v 就越小。

3. 制冷装置中单位时间制冷剂的循环量 G

$$G = \frac{Q_0}{q_0} \tag{2-6}$$

式中 Q_0——制冷装置需产生的制冷量(kW)。

4. 单位时间制冷剂蒸气循环容积流量 V

$$V = G \cdot v_1 \tag{2-7}$$

5. 制冷压缩机的单位功 W_0

压缩机压缩并输送 1kg 制冷剂所消耗的功,称为单位功,由于节流过程中制冷剂不对外作功,因此循环单位功与压缩机的单位功相等,它可用制冷剂进、出压缩机时的比焓差表示即

$$W_0 = (h_2 - h_1) \tag{2-8}$$

W_0 的大小不仅与制冷剂的性质有关,也与压缩机的压缩比(p_k/p_0)的大小有关。

6. 制冷压缩机的理论功率 N_0

制冷压缩机的理论功率 N_0 指在单位时间内按等熵过程工作时的压缩机耗功率。

$$N_0 = G \cdot W_0 = G \cdot (h_2 - h_1) \tag{2-9}$$

7. 冷凝器单位热负荷 q_k

它表示 1kg 制冷剂在冷凝器中放给冷却介质的热量,它可用制冷剂进、出冷凝器时的比焓差表示:

$$q_k = (h_2 - h_3) \tag{2-10}$$

8. 冷凝器中制冷剂放出的热量 Q_k

$$Q_k = G \cdot q_k = G \cdot (h_2 - h_3) \tag{2-11}$$

9. 单级蒸气压缩式制冷理论制冷系数 ε_0

指理论循环中制冷量 Q_0 与功耗 N_0 之比,也表示循环的单位制冷量 q_0 与单位功 W_0 之比,即

$$\varepsilon_0 = \frac{Q_0}{N_0} = \frac{q_0}{W_0} = \frac{h_1 - h_4}{h_2 - h_1} \tag{2-12}$$

10. 单级压缩制冷理论循环的热力完善度 β_0

单级压缩制冷理论循环仍是一个不可逆循环，它在制冷剂的冷却（2—2'）过程及节流过程 3—4 中，仍存在着不可逆损失，其不可逆性程度用热力完善度 β_0 表示，β_0 等于理论循环制冷系数 ε_0 与相同高温热源、低温热源间的逆卡诺循环制冷系数之比。

由于在理论循环中，$T_0 = T_L$，$T_k = T_H$，所以

$$\varepsilon_c = \frac{T_L}{T_H - T_L} = \frac{T_0}{T_k - T_0}$$

$$\beta_0 = \frac{\varepsilon_0}{\varepsilon_c} = \frac{h_1 - h_4}{h_2 - h_1} \cdot \frac{T_k - T_0}{T_0} \tag{2-13}$$

由于逆向卡诺循环的制冷系数 ε_c 总是大于制冷理论循环的制冷系数 ε_0，所以单级压缩制冷理论循环的热力完善度 β_0 总是小于 1。热力完善度 β_0 越是接近于 1，则表示该制冷理论循环的不可逆损失越小，接近逆向卡诺循环的程度越高。

例 2-7 已知某一氨制冷理论循环，蒸发温度 $t_0 = -10℃$，冷凝温度 $t_k = 30℃$，制冷量 $Q_0 = 55\text{kW}$。

求：试对该循环进行热力计算。

解：该循环在压焓图上的表示如图 2-9 所示。

根据附表 1 氨的热力性质表，查出处于饱和线上各点的有关状态参数值，$h_1 = 1477.201\text{kJ/kg}$；$p_0 = 291.06\text{kPa}$；$v_1 = 0.416\text{m}^3/\text{kg}$；$h_3 = 343.026\text{kJ/kg}$；$p_k = 1169.0\text{kPa}$。

由附图 1 氨的 p-h 图上找到 $p_k = 1169.0\text{kPa}(11.69\text{bar})$ 等压线，或在气、液饱和线上分别找到与 30℃ 等温线的交点，过 1 点作等熵线，此线与等压线相交于 2 点，该点即为压缩机的出口状态。由图可知，$h_2 = 1630\text{kJ/kg}$，由于节流前后比焓值不变，所以 $h_3 = h_4 = 343.026\text{kJ/kg}$。

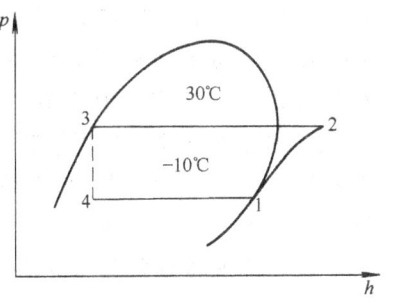

图 2-9 例 2-7 用图

1) 单位质量制冷量

$$q_0 = h_1 - h_4 = (1447.201 - 343.026)\text{kJ/kg} = 1104.175\text{kJ/kg}$$

2) 单位容积制冷量

$$q_v = \frac{q_0}{v_1} = \frac{1104.175}{0.416}\text{kJ/m}^3 = 2654.27\text{kJ/m}^3$$

3) 制冷剂质量流量

$$G = \frac{Q_0}{q_0} = \frac{55}{1104.175}\text{kg/s} = 0.0498\text{kg/s}$$

4) 单位功

$$W_0 = h_2 - h_1 = (1630 - 1447.201)\text{kJ/kg} = 182.799\text{kJ/kg}$$

5) 压缩机消耗的理论功率

$$N_0 = G \cdot W_0 = 0.0498 \times 182.799\text{kW} = 9.1\text{kW}$$

6) 压缩机吸入的容积流量

$$V = G \cdot v_1 = 0.0498 \times 0.416\text{m}^3/\text{s} = 0.0207\text{m}^3/\text{s}$$

7）冷凝器单位热负荷 q_k 和冷凝器中制冷剂放出的热量 Q_k

$$q_k = h_2 - h_3 = (1630 - 343.026)\text{kJ/kg} = 1286.97\text{kJ/kg}$$

$$Q_k = G \cdot q_k = G \cdot (h_2 - h_3) = 0.0498 \times 1286.97 = 64.1\text{kW}$$

8）制冷系数

$$\varepsilon_0 = \frac{Q_0}{N_0} = \frac{q_0}{W_0} = \frac{1104.175}{182.799} = 6.04$$

9）热力完善度 β_0

$$\beta_0 = \frac{\varepsilon_0}{\varepsilon_c} = \frac{h_1 - h_4}{h_2 - h_1} \cdot \frac{T_k - T_0}{T_0} = \frac{6.04}{6.58} = 0.92$$

四、理想制冷循环与理论制冷循环的相同点和区别

逆向卡诺循环是假想的理想循环，与实际的制冷循环有很大差别，而人们参照逆向卡诺循环和实际制冷循环提出的理论制冷循环的模型，即制冷机的理论循环是在最理想的情况下，制冷机可以实现的工作循环。逆向卡诺循环和理论制冷循环的共同点是基于如下的几点假设：

1）制冷压缩机吸气状态为干饱和蒸气、干压行程压缩。所不同的是理论制冷循环按 1—2 等熵压缩，制冷剂蒸气由蒸发压力 p_0 压缩至冷凝压力 p_k。而逆向卡诺理想循环按 1—2′ 等熵压缩和 2′—3 等温压缩，制冷剂蒸气由 T_0 压缩到 T_k，如图 2-10 所示。

2）理论制冷循环与理想制冷循环在蒸发器内进行等压等温气化时，制冷剂与低温热源间的传热温差均为无限小，即 $T_0 = T_L$；在冷凝器里进行等压等温冷凝过程 3—4 时，制冷剂与高温热源间的传热温差也为无限小，即 $T_k = T_H$。

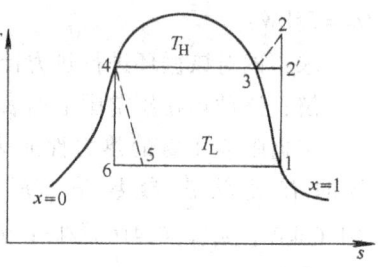

图 2-10 理想制冷循环与理论制冷循环的比较

3）制冷剂流过设备和管道、阀门时没有阻力，也不存在泄漏。

4）除蒸发器和冷凝器外，其他设备和管道、阀门均在绝热条件下工作，制冷剂流过时与之不发生热交换。

5）理论制冷循环制冷剂以等焓节流 4—5 代替理想制冷循环的等熵膨胀过程 4—6。

根据以上假定，可分析制冷理论循环与理想循环具有共同特点，但理想制冷循环是完全可逆的制冷循环，系统内外不存在不可逆耗散。而理论制冷循环虽然假设按最大程度地进行可逆过程，却仍是一个不可逆循环，这是由于在冷凝器内进行制冷剂冷却阶段(2—3)换热时制冷剂与高温热源间存在传热温差，以及用节流器代替膨胀机时存在不可逆的节流损失。这两个不可逆因素的存在，使理论制冷循环的压缩机功耗增大，制冷循环的制冷量减小，所以理论制冷循环的制冷系数一定小于相同高温热源、低温热源间工作的理想制冷循环的制冷系数，其热力完善度也一定小于1。

从理论上分析，虽然理想制冷循环的在膨胀机中的等熵膨胀过程具有较大的经济性，但在实际工程中，由于进入液体膨胀机的制冷剂流量很小，所获取的膨胀功也很小，而相应的膨胀机结构复杂，操作不便，成本高，并且用等焓节流所引起的能量损失并不很大。所以目前制冷中仍多采用结构简单、操作方便、成本低的节流器以代替膨胀机。

第三章 单级蒸气压缩式制冷实际循环

第一节 实际制冷循环过程

理论循环是在理想的条件下进行的,在实际过程中不可能达到。在实际制冷循环中,存在着蒸气过热和液体过冷,这些都是具有传热温差的外部不可逆因素;制冷压缩机在工作中,存在流动阻力和内泄漏等不可逆因素;实际压缩过程也不是等熵过程;制冷剂在换热器和管道内流动时,还存在流动阻力,散热耗损;实际节流过程不完全是绝热的等焓过程等等。这些外部和内部的不可逆损失的存在,使实际制冷循环的制冷系数必定低于理论制冷循环的制冷系数。活塞式制冷压缩机理想工作过程和实际工作过程的比较如图3-1。

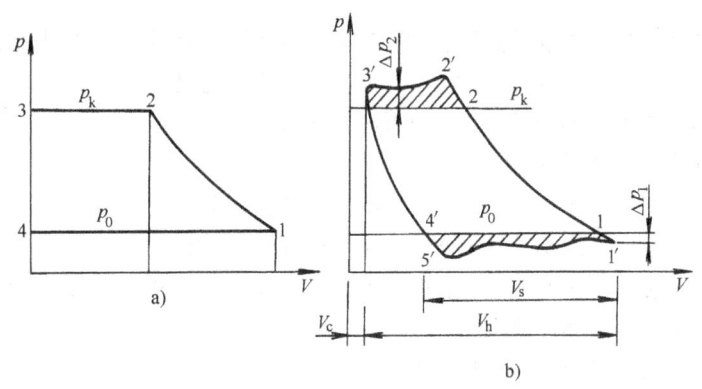

图 3-1 活塞式制冷压缩机示功图
a) 理想工作过程 b) 实际工作过程

一、实际制冷循环的压焓图和温熵图

由于实际制冷循环的复杂性,很难直接利用理论制冷循环模型来进行热力分析,也难以用数学式来描述,一般只能近似表达,或者用简化的方式表达。在制冷原理讨论的范围内,往往采用如下的简化办法来修正复杂的实际制冷循环。

1) 不考虑管道和换热设备中的压力降,以及管道的传热和管道内制冷剂的状态变化。

2) 忽略不计节流时制冷剂与环境的换热问题,仍将节流过程近似地看作是不可逆的绝热等焓节流过程。

3) 考虑制冷剂与高温热源、低温热源间的有温差传热,将其归属于制冷循环热力完善度的讨论中。并认为蒸发温度 t_0 和冷凝温度 t_k 为定值。

4) 考虑制冷循环中的蒸气过热和液体过冷现象。

5) 简化压缩过程的一系列复杂因素,将吸气压力 p_1 等同于蒸发压力 p_0,排汽压力 p_2 等同于冷凝压力 p_k,形成简单的不可逆增熵压缩过程。

这样循环的压焓图和温熵图可由图 3-2 表达。

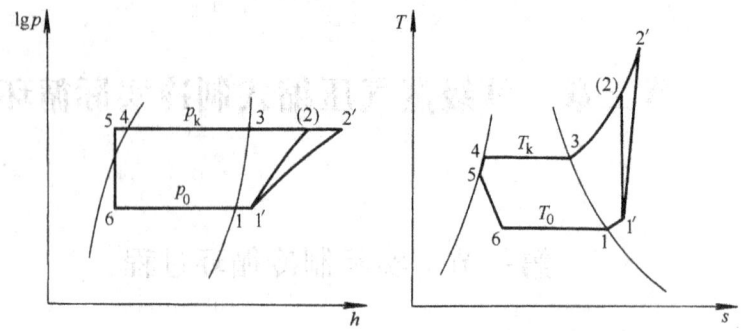

图 3-2 单级制冷实际循环的压焓图和温熵图

图中 1—1′—2′—3—4—5—6—1 为热力分析用的单级制冷实际循环,其中:

1—1′为蒸气过热过程,1′是制冷压缩机吸气状态点。1—1′蒸气过热过程中,包含蒸发器内过热和出蒸发器后的过热过程。

1—2′为实际增熵压缩过程,2′是实际压缩过程排气状态点,也是进入冷凝器的蒸气状态点。

1′—2 是在相同 p_0 和 p_k 间讨论时用作比较的等熵压缩过程,常被称为理论压缩过程。

2′—3—4 为制冷剂在冷凝压力 p_k 下的等压冷却冷凝过程。

4—5 为制冷剂在冷凝压力 p_k 下的再冷却过程。

5—6 为制冷剂的等焓节流过程。

6—1 为制冷剂在蒸发压力 p_0 下的等压气化吸热过程。

二、单级蒸气压缩式制冷实际循环的热力性能及分析

其循环的性能指标主要有理论输气量、实际输气量、输气系数、循环量、制冷量、功率、效率、过冷器负荷和冷凝器负荷等。

（一）输气量、输气系数和循环量

1. 理论输气量

理论输气量是指制冷压缩机的活塞在单位时间内（每小时或每秒）所扫过的气缸容积,也就是理想制冷压缩机进行工作时在单位时间内按吸气状态计算的输气量。单作用活塞式制冷压缩机的理论输气量为:

$$V_h = \frac{\pi}{4} D^2 SnZ \times 60 \tag{3-1}$$

式中 V_h——理论输气量(m^3/h);
　　　D——气缸直径(m);
　　　S——活塞行程(m);
　　　n——制冷压缩机转速(r/min);
　　　Z——气缸数(个);
　　　60——60min。

从上式可知:理论输气量值与制冷压缩机的结构有关,通常用 V_h 来表示一台制冷压缩机的容量大小。

2. 实际输气量

制冷压缩机以实际压缩过程运行时,在单位时间内将制冷剂蒸气从吸气管道输送到排气

管道的容积(以吸气状态下比容计)，称为制冷压缩机的实际输气量 V_s。由于压缩过程有余隙容积和不可逆损失的存在，实际输气量 V_s 总是小于理论输气量 V_h。

3．输气系数

制冷压缩机实际输气量 V_s 与理论输气量 V_h 之比，称为制冷压缩机的输气系数 λ。

$$\lambda = \frac{V_s}{V_h} \tag{3-2}$$

输气系数实际上是表示压缩机气缸工作容积的利用率，故也可称为容积效率。

输气系数是制冷压缩机进行热力计算时所必需的资料，同时也是衡量压缩机的设计和制造质量的标志。压缩机在使用时的输气系数可通过试验方法来确定。

影响制冷压缩机实际输气量的因素有：余隙容积、吸排气时压力损失、制冷剂蒸气与气缸壁间的热交换的影响、制冷剂在制冷压缩机高压处向低压处的内部泄漏以及循环温度变化等各种因素。故有：

$$\lambda = \lambda_v \lambda_p \lambda_t \lambda_l \tag{3-3}$$

式中　λ_v——容积系数；

λ_p——压力系数；

λ_t——温度系数；

λ_l——泄漏系数。

这些系数又分别与不同工况和压力比 p_k/p_0、制冷剂性质以及制冷压缩机种类结构有关，可通过相应的计算公式进行逐项求解。

输气系数也可以用日本木村亥之助经验公式加以近似计算。

$$\lambda = 0.94 - 0.085\left[\left(\frac{p_k}{p_0}\right)^{\frac{1}{n}} - 1\right] \tag{3-4}$$

式中　λ——单级制冷压缩机输气系数；

p_k——冷凝压力(MPa)；

p_0——蒸发压力(MPa)；

n——压缩指数。

除了用公式计算输气系数外，工程上还经常用经验图表计算，也很方便。图 3-3、图 3-4 和图 3-5 列出了开启式(R717)、开启式(R22)和封闭式单级制冷压缩机的输气系数值。

当已知制冷压缩机的理论输气量和输气系数值时，就可用式(3-2)求出实际输气量。

4．循环量

制冷压缩机在单位时间内所输送的制冷剂的质量流量，通常称为循环量 G，其计算式为：

$$G = \frac{V_s}{3600 v_1} = \frac{V_h \lambda}{3600 v_1} \tag{3-5}$$

式中　v_1——实际制冷循环的吸气比容(m³/kg)；

其他参数同前。

(二) 制冷量

1．单位制冷量和单位容积制冷量

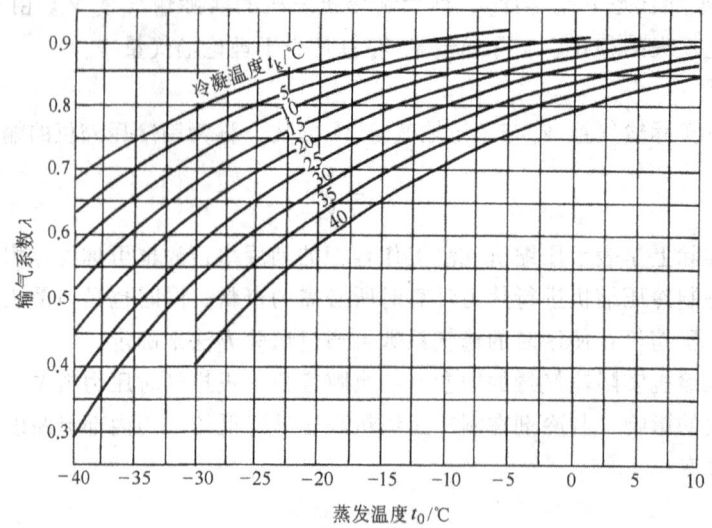

图 3-3 开启式 R717 制冷压缩机输气系数

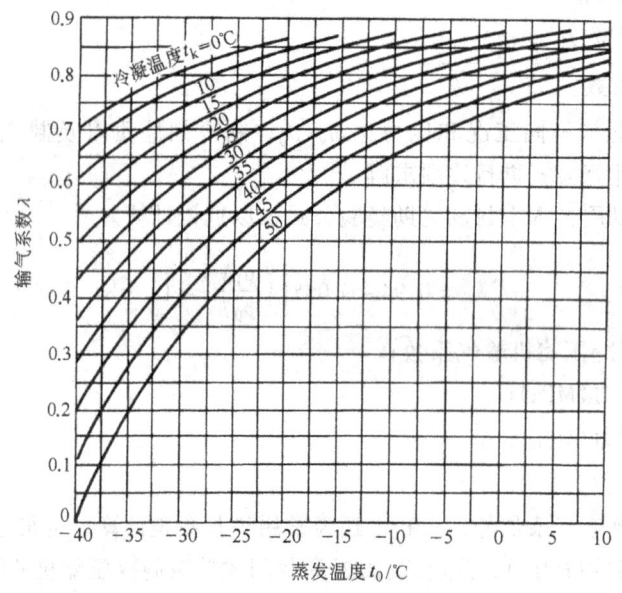

图 3-4 开启式 R22 单级制冷压缩机
(或双级压缩高压级)输气系数

实际制冷循环的单位制冷量(q_0)和单位容积制冷量(q_v)可根据图 3-2 状态点按下式计算。

$$q_0 = (h_1 - h_6) \tag{3-6}$$

$$q_v = \frac{h_1 - h_6}{v_1} \tag{3-7}$$

式中 h_1——制冷剂出蒸发器处于干饱和蒸气或过热蒸气(蒸发器内过热)状态下的焓值(kJ/kg);

h_6——制冷剂等焓节流状态点的焓值(kJ/kg)。

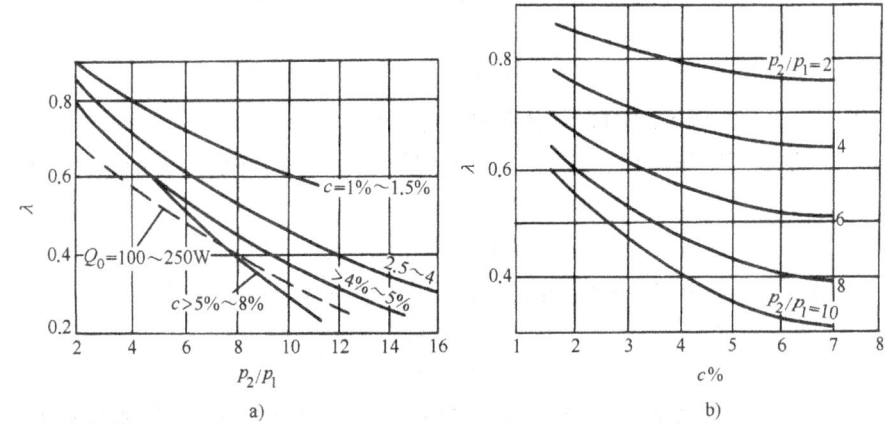

图 3-5 封闭式制冷压缩机输气系数
a) 根据吸排气压力比 p_2/p_1 求输气系数 b) 根据相对余隙 c 求输气系数
p_1——吸气压力；p_2——排气压力

2. 制冷量

制冷量 Q_0 是指制冷循环在单位时间内制冷剂从被冷却系统中吸收的热量。

$$Q_0 = Gq_0 = \frac{V_s q_v}{3600} = \frac{V_h \lambda q_v}{3600} \tag{3-8}$$

式中 G——制冷剂循环量(kg/s)；

V_s——压缩机理论输气量(m^3/h)。

Q_0 也称制冷系统的有效制冷量(或称净制冷量)。整个制冷系统的总制冷量，是由有效制冷量和无效制冷量组成。对于来自被冷却系统所吸收的热量称为有效制冷量。对于非来自被冷却系统所吸收的热量(即冷量损失)统称为无效制冷量，如蒸发器出口至制冷压缩机吸气口这一段回气管段在单位时间内所吸收的热量、载冷剂冷量损失和风机运转时产生的热量等。

(三) 制冷压缩机的功率和效率

1. 单位理论功与理论功率

1) 单位理论功。制冷压缩机按等熵过程(图 3-2 中 1'—2)工作时每输送压缩 1kg 制冷剂蒸气时所消耗的功，称为单位理论功，也称单位等熵压缩功。

$$W_0 = (h_2 - h_1) \tag{3-9}$$

式中，h_2 为等熵压缩终了排气状态点的焓值(kJ/kg)。

2) 单位理论功率。制冷压缩机的理论功率是指在单位时间内按等熵过程工作时的制冷压缩机所耗功率。

$$N_0 = GW_0 = G(h_2 - h_1) = \frac{V_h \lambda}{3600 v_1}(h_2 - h_1) \tag{3-10}$$

从公式中可以看出，单位理论功和理论功率与循环的工作温度、吸气状态点及制冷剂的性质有关。

2. 单位指示功、指示功率与指示效率

1) 单位指示功。制冷压缩机每压缩输送 1kg 制冷剂蒸气实际所消耗的功，称为单

位指示功 W_i。由于是实际循环,其应包括压缩蒸气及克服蒸气内部不可逆耗散所作的功。

$$W_i = h_{2'} - h_{1'} \tag{3-11}$$

式中,$h_{2'}$ 为实际压缩过程的排气状态点焓值(kJ/kg)。

2)指示功率。制冷压缩机每压缩输送 1kg 制冷剂蒸气实际所消耗的功率,称为制冷压缩机的指示功率 N_i。

$$N_i = GW_i = G(h_{2'} - h_{1'}) \tag{3-12}$$

3)指示效率。单位指示功(N_0)和指示功率(N_i)之比称为指示效率。

$$\eta_i = \frac{N_0}{N_i} \tag{3-13}$$

指示效率是衡量制冷压缩机实际工作过程相对于理想工作过程能量转换的完善程度的性能指标。它与制冷压缩机的结构、性能、制冷循环的工作条件和制冷剂性质有关。

制冷压缩机的指示效率也可用下列经验公式计算:

$$\eta_i = \lambda_t + bt_0 \tag{3-14}$$

或

$$\eta_i = 1 - 0.6\left[1 - \left(\frac{p_2}{p_1}\right)^{-0.3}\right] \tag{3-15}$$

式中,b 是系数,与制冷压缩机结构和制冷剂种类有关,对于卧式氨制冷压缩机,$b = 0.002$;对于立式氨制冷压缩机,$b = 0.001$;对于立式氟制冷压缩机,$b = 0.0025$;t_0 是蒸发温度(℃);p_1 是制冷压缩机吸气压力(MPa);p_2 是制冷压缩机排气压力(MPa)。

指示效率 η_i 也可通过指示效率线图求得,不同的制冷剂有不同的指示效率图,图 3-6 为 R717 开启式单级制冷压缩机指示效率图。

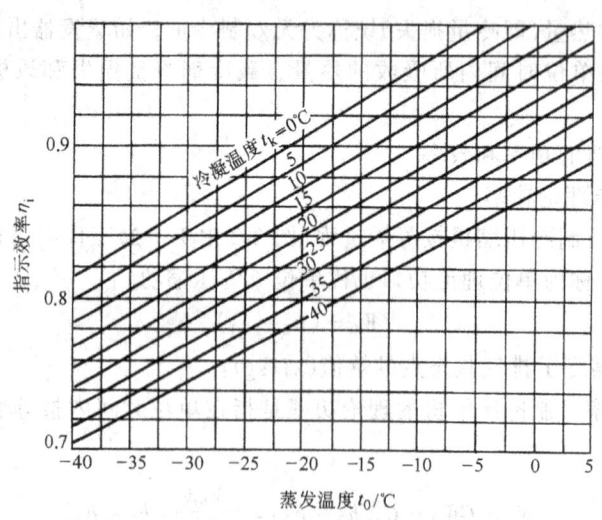

图 3-6 开启式 R717 单级制冷压缩机指示效率

3. 摩擦功率

制冷压缩机在运行中,往复运动部件和回转运动部件的运动均产生机械摩擦,克服这些机械摩擦阻力所需的功率称为摩擦功率。摩擦功率的大小与制冷压缩机的结构、润滑状况、转速、制造与装配精度以及制冷剂种类有关,可通过式(3-16)计算。

$$N_\mathrm{m} = \frac{V_\mathrm{h} p_\mathrm{mf}}{3600} \tag{3-16}$$

式中,p_mf 是平均摩擦压力(kPa),对于卧式氨机,$p_\mathrm{mf} = 49.05 \sim 78.48\mathrm{kPa}$;对于立式氨机,$p_\mathrm{mf} = 68.67 \sim 88.29\mathrm{kPa}$;对于立式氟机,$p_\mathrm{mf} = 34.34 \sim 63.77\mathrm{kPa}$。

4. 轴功率、机械效率与绝热效率

1) 轴功率。原动机传到制冷压缩机轴上的功率称为轴功率,它为指示功率(N_i)和摩擦功率(N_m)之和。

$$N_\mathrm{s} = N_\mathrm{i} + N_\mathrm{m} \tag{3-17}$$

2) 机械效率和绝热效率。机械效率 η_m 为制冷压缩机的指示功率和摩擦功率的比值。

$$\eta_\mathrm{m} = \frac{N_\mathrm{i}}{N_\mathrm{m}} = \frac{N_\mathrm{i}}{N_\mathrm{s} - N_\mathrm{i}} \tag{3-18}$$

机械效率是表征制冷压缩机性能的参数,一般 $\eta_\mathrm{m} = 0.8 \sim 0.95$。

绝热效率 η_e 是压缩机的理论功率与轴功率的比值,也是指示效率(η_i)和机械效率(η_m)的乘积,故称为制冷压缩机的总效率。$\eta_\mathrm{e} = 0.65 \sim 0.72$。

$$\eta_\mathrm{e} = \frac{N_0}{N_\mathrm{s}} = \eta_\mathrm{i} \eta_\mathrm{m} \tag{3-19}$$

(四) 过冷器热负荷和冷凝器热负荷

1. 过冷器热负荷

过冷器热负荷是指制冷剂在单位时间内通过过冷器向外界付出的热量。根据图3-2得:

$$Q_\mathrm{sc} = G(h_4 - h_5) \tag{3-20}$$

式中 h_4——进过冷器时制冷剂焓值(kJ/kg);

h_5——出过冷器时制冷剂焓值(kJ/kg)。

2. 单位冷凝器负荷与冷凝器负荷

1) 单位冷凝器负荷 q_k 用下式表示:

$$q_\mathrm{k} = h_{2'} - h_4 \tag{3-21}$$

式中 $h_{2'}$——实际压缩过程的制冷剂排气状态点的焓值(kJ/kg)。

$$h_{2'} = h_1 + \frac{h_2 - h_{1'}}{\eta_\mathrm{i}} \tag{3-22}$$

2) 冷凝器负荷 Q_k 用下式表示:

$$Q_\mathrm{k} = Gq_\mathrm{k} = G(h_{2'} - h_4) \tag{3-23}$$

(五) 制冷系数、能效比与热力完善度

1. 制冷系数与能效比

单级实际制冷循环的制冷系数(ε)是有效制冷量与轴功率之比。工程上常将这一比值称为能效比(K_e)。

$$\varepsilon = K_\mathrm{e} = \frac{Q_0}{N_\mathrm{s}} = \frac{q_0}{W_\mathrm{s}} \tag{3-24}$$

或

$$\varepsilon = \frac{q_0}{W_0}\eta_i\eta_m = \frac{h_1 - h_6}{h_2 - h_{1'}}\eta_e$$

2. 热力完善度

$$\beta = \frac{\varepsilon}{\varepsilon_c} \tag{3-25}$$

这里要注意的是：$\varepsilon_c = \dfrac{T_L}{T_H - T_L} \neq \dfrac{T_0}{T_K - T_0}$

第二节 液体过冷、吸气过热及回热循环

从上一节实际循环的压焓图和温熵图的分析中可以看到，实际循环过程中存在诸如过冷、过热等变化，这些变化以及其他如蒸发温度 t_0、冷凝温度 t_k 的变化，对制冷循环会带来什么样的影响，这是本节所要讨论的问题。

为了简化分析，在分别讨论某一影响因素时，假定其他方面仍按理论制冷循环的假设条件进行。

一、液体的过冷对循环的影响

对于一个制冷循环过程，制冷剂节流前的流体状态为液体，在其他条件一定的情况下，液体的温度变化对制冷循环的性能具有一定的影响，实际过程中往往通过制冷剂液体的过冷来提高制冷效率。

如图 3-7 所示，在制冷系统的冷凝器 B 后加设一个过冷器 C，该过冷器利用深井水或其他冷却水将节流机构前的制冷剂液体冷却到比冷凝温度 t_k 更低的温度，这个过程称为液体过冷。在过冷器 C 中，制冷剂液体的温降 ΔT_{sc} 称为过冷度，其数值随冷凝温度 t_k 及深井水或其他冷却水温度而定。

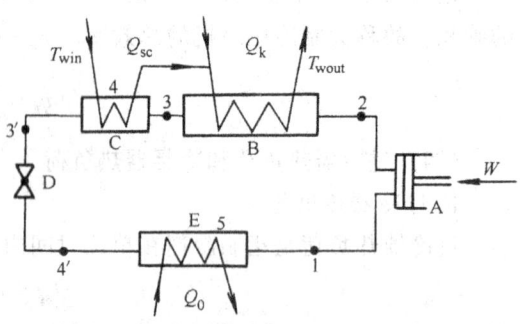

图 3-7 具有液体过冷的单级压缩制冷循环过程
1—压缩机 2—冷凝器 3—贮液器
4—过冷器 5—蒸发器

图 3-8 示出有液体过冷的单级压缩制冷循环的温熵图和压焓图，图中 1—2—3—4—1 表示基本循环，1—2—3—3′—4′—4—1 表示有过冷的循环；3—3′是制冷剂液体在过冷器中的过冷过程，3′—4′是过冷后制冷剂液体的节流过程。

液体过冷既有优点又有缺点，与没有过冷的制冷循环相比较，有液体过冷的循环在节流过程中产生的蒸气量较少，因而单位制冷量增大。由图 3-8 压焓图中可以看出，有过冷循环的单位制冷量面积为 1—4—4′下的（投影）面积（$q_0 + \Delta q_0$），没有过冷循环的单位制冷量面积为 1—4 下的（投影）面积（q_0），通过液体过冷增加了 4—4′下的（投影）面积（Δq_0），通过计算分析可得到：

$$\Delta q_0 = c' \Delta t_{sc} \tag{3-26}$$

$$\varepsilon_{sc} = q_0 + \frac{\Delta q_0}{W_0} = \varepsilon_0 + c'\frac{\Delta t_{sc}}{W_0} \tag{3-27}$$

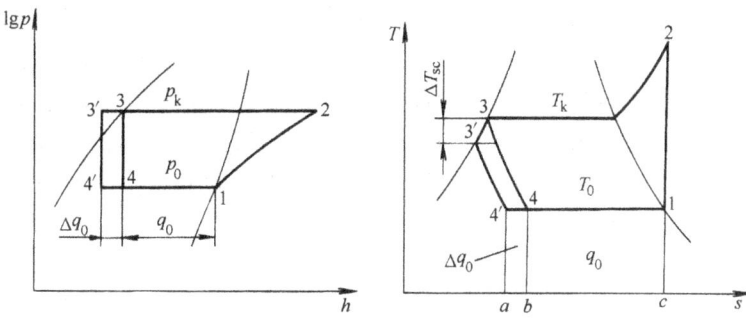

图 3-8 具有液体过冷的制冷循环压焓图和温熵图

式中 ε_{sc}——有过冷时的制冷系数；

c'——制冷剂液体的定压比热容(kJ/kg·K)；

Δt_{sc}——制冷剂液体的过冷度(℃)；其他参数同前。

由于这一循环过程的单位理论功(W_0)没有改变，故循环的制冷系数必然增大，故过冷对循环有利。单位制冷量和制冷系数增大的程度；是同过冷度大小成正比，故在实际应用中应根据具体条件，选用尽可能大的过冷度。此外，采用液体过冷还可以防止制冷剂液体在节流机构前气化，保证节流机构工作稳定。

当制冷剂确定之后，提高过冷度可直接提高循环的制冷系数。根据计算，当循环的冷凝温度 $t_k = 30℃$，蒸发温度分别为 $t_0 = -15℃$ 和 $t_0 = 0℃$ 时，每过冷 1℃，循环的制冷系数增加的百分数见表 3-1。

表 3-1　$t_k = 30℃$ 每过冷 1℃时制冷系数提高的百分数

制　冷　剂	蒸 发 温 度 t_0	
	-15℃	0℃
R717	0.46%	0.41%
R22	0.85%	0.81%

但采用液体过冷，要增加一个过冷器，还需消耗自来水(对于空冷式冷凝器)或深井水(对于水冷式冷凝器)，这就增大了制冷设备的第一次投资，同时也增大了设备折旧费用和直接运转费用。所以，采用液体过冷，实际在经济上是否有利，需通过技术经济计算去确定。一般来说，当蒸发温度 t_0 在 -5℃ 以下时，采用液体过冷在经济上才是有利的。

二、吸气过热

制冷压缩机吸入前的制冷剂蒸气温度高于蒸发压力 p_0 下的饱和温度时，称为蒸气过热，具有蒸气过热的循环叫做过热循环。形成制冷循环中蒸气过热现象的原因是多方面的，它们主要有：

1) 制冷剂在蒸发器内吸收低温热源的热量而过热，称为蒸发器内过热；

2) 制冷剂蒸气在回气管路中吸收外界环境的热量而过热，称为管道内的过热；

3) 在半封闭、全封闭制冷压缩机中，低压制冷剂蒸气进入制冷压缩机压缩前，吸收电动机绕组和运转时所产生的热量，称为电动机引起的过热；

4) 制冷剂蒸气在回热器内吸收制冷剂液体的热量而过热，称为回热器内过热等。

蒸气的过热将直接影响循环的性能。图3-9示出有吸气过热时制冷循环的温熵图和压焓图，图中1—1′—2′—2—3—4—1为有吸气过热的循环；1—1′为吸入蒸气的过热过程，1′—2′为过热蒸气的压缩过程，2′—2—3为冷凝器中的冷却及冷凝过程。由图3-9压焓图中可以看出，有过热循环的单位制冷量面积为1′—1—4下的(投影)面积($q_0 + \Delta q_0$)，没有过热循环的单位制冷量面积为1—4下的(投影)面积(q_0)，通过吸气过热增加了1—1′下的(投影)面积(Δq_0)，通过计算分析可得到：

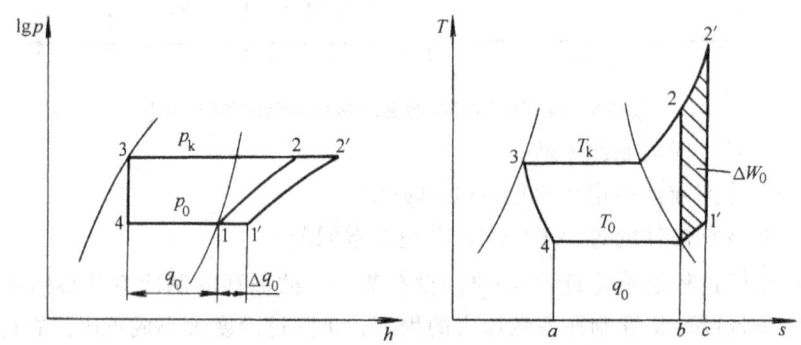

图3-9 具有吸气过热的制冷循环压焓图和温熵图

$$\Delta q_0 = h_{1'} - h_1 = c_{p0} \cdot \Delta t_{sh} \tag{3-28}$$

式中 Δq_0——增加的制冷量(kJ/kg)；

c_{p0}——制冷剂吸入蒸气在 p_0 下的平均定压比热容(kJ/kg·K)；

Δt_{sh}——制冷剂蒸气的过热度(℃)。

同时，有吸气过热的情况其功耗增加了 ΔW_0（面积1—1′—2′—2—1），单位冷凝热量也增大，通过计算分析可得到：

$$\Delta W_0 = (h_{2'} - h_{1'}) - (h_2 - h_1) \tag{3-29}$$

$$\Delta q_k = (h_{2'} - h_3) - (h_2 - h_3) = h_{2'} - h_2 \tag{3-30}$$

吸气过热 Δq_0 其实是由两部分组成，一部分是在吸气管内的过热被称为无效过热(Δq_{01})。无效过热是制冷剂饱和蒸气离开蒸发器后，在吸气管内过热形成的，在这种情况下，Δq_0 不能利用，有用的单位制冷量仍然是 q_0，而单位理论功却增大了 W_0，循环的制冷系数必然要减小。所以，在制冷装置实际运行中应尽量设法减小无效过热。例如在吸气管上包隔热层是减小有害过热的一种措施。另一部分是制冷剂蒸气在蒸发器内的过热被称为有效过热(Δq_{02})，此时 Δq_{02} 是包括在有用的单位制冷量之内的。在一般的制冷循环热力状态的讨论中，不考虑无效制冷量问题，因而其循环增加的制冷量(Δq_0)可作为有效制冷量来分析。

值得指出的是，有效过热是否真正"有益"，要看最终制冷循环的制冷系数有没有提高来定。在存在有效过热的情况下，单位制冷量和单位理论功都有所增大，循环的制冷系数不能够直观判断。分析和计算表明，这同制冷剂的种类有关，例如对于氨制冷剂来说，制冷系数稍有所降低，对于R12和R134a制冷剂，制冷系数略有提高；而R22介于两者之间，制冷系数基本不变。由此可知，对氨应尽量避免吸气过热。从制冷系数的变化中可分析得到：

$$\varepsilon_{sh} = \frac{q_0 + \Delta q_0}{W_0 + \Delta W_0} \tag{3-31}$$

式中　ε_{sh}——有过热时的制冷系数；

其他参数同前。

制冷系数 ε_{sh} 是增大还是减少，则取决于比值 $\Delta q_0/\Delta W_0$ 是大于还是小于 ε_0。

应当指出，有时在制冷循环中，为了改善制冷循环性能和制冷压缩机的安全运行，还是希望制冷剂在进入制冷压缩机前有适量的过热度。其原因如下：

1）可以避免制冷剂液体进入制冷压缩机气缸中而造成液击现象。

2）制冷剂在蒸发器内适当过热，可增大循环的有效制冷量。

3）可以减少进入气缸的制冷剂蒸气与气缸壁的温差，从而减少由于温差存在而造成的不可逆损失。

4）防止在低温制冷装置中由于吸气温度过低造成制冷压缩机气缸外壁结霜，从而改善润滑条件。

5）吸入具有一定程度的过热蒸气，对往复式制冷压缩机的容积效率有所改善。

所以过热是有害还是有益，要结合制冷剂制冷循环的具体性能，同时也要根据实际情况来具体确定其过热量，使制冷装置得以良好地运行。

三、回热循环

在制冷装置循环过程中，从蒸发器出来的低温蒸气，在回气管道中因吸收周围空气的热量，会增大系统的无效制冷量，而出冷凝器的制冷剂饱和液体在再冷却时，要受到一定的条件限制(需有冷源和需增加过冷设备的投资)。利用回热器使节流前的制冷剂液体与制冷压缩机吸入前的制冷剂蒸气进行循环内部的热交换，既能使液体过冷，又能消除或减少有害过热，这种方法称为回热。具有回热的制冷循环称为回热循环。

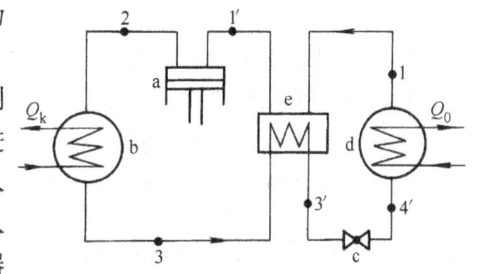

回热循环的工作过程是：出冷凝器后的制冷剂液体在回热器中被低压蒸气再冷却，后经节流后进入蒸发器；在蒸发器内吸热气化后的低压蒸气进入回热器吸收制冷剂液体的热量而升温过热后再进入制冷压缩机；压缩后的制冷剂高压蒸气进入冷凝器内被冷却冷凝成饱和液体。其循环原理图如图 3-10 所示，温熵图和压焓图如图 3-11 所示。

图 3-10　回热循环原理图

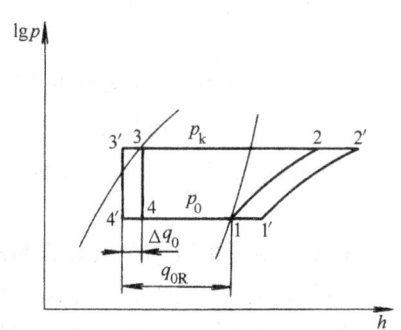 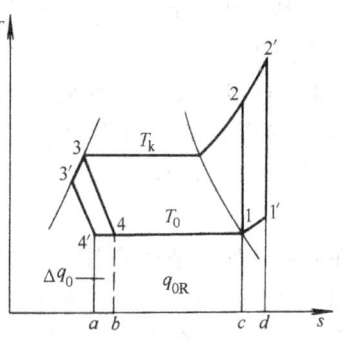

图 3-11　回热循环压焓图和温熵图

根据回热过程的热平衡式，液体被冷却后的温度用下式计算

$$t_{4'} = t_k - \frac{c_{p_0}}{c'}(t_{1'} - t_0) \tag{3-32}$$

式中 c_{p_0} ——制冷剂蒸气在 p_0 下的平均定压比热容(kJ/kg·K);

c'——制冷剂液体在 p_0 下的平均定压比热容(kJ/kg·K)。

分析图 3-11 可知,同制冷循环 1—2—3—4—1 相比较,具有回热的制冷循环 1'—2'—3'—4'—1' 的单位制冷量和单位理论功均有增加。

$$\Delta q_0 = h_{1'} - h_1 = h_3 - h_{3'} \tag{3-33}$$

$$\Delta W_0 = (h_{2'} - h_{1'}) - (h_2 - h_1) \tag{3-34}$$

通过有关推论可得回热循环的制冷系数:

$$\varepsilon_R = \varepsilon_0 \frac{1 + \dfrac{c_{p_0} \Delta T_{sh}}{q_0}}{1 + \dfrac{\Delta T_{sh}}{T_0}} \tag{3-35}$$

式中 ε_R——具有回热时的制冷系数;

c_{p_0}——制冷剂蒸气在 p_0 下的平均定压比热(kJ/kg·K)。

要使 $\varepsilon_R > \varepsilon_0$,必须符合下列条件:

$$1 + \frac{c_{p_0} \Delta T_{sh}}{q_0} > 1 + \frac{\Delta T_{sh}}{T_0}$$

即

$$\frac{T_0 c_{p_0}}{q_0} > 1$$

显然,对于一定的蒸发温度 t_0,要使等式成立,取决于制冷剂的性质。凡是满足上式条件的制冷剂,采用回热循环可以提高单位容积制冷量和制冷系数,在实际应用中宜采取回热循环。而对于不满足上式条件的制冷剂,回热循环的制冷系数和单位容积制冷量要比无回热循环的低,在实际中不宜采取回热循环。根据计算,当 $t_k = 30℃$,t_0 在普冷范围内,R12 符合上式,所以采用回热循环是有利的;而 R717、R11、R21 等制冷剂则 $\dfrac{T_0 c_{p_0}}{q_0} < 1$,所以宜采用无回热循环;而 R22 则有关系式 $\dfrac{T_0 c_{p_0}}{q_0} \approx 1$,所以采用回热对循环性能指标无甚改变,对于大中型使用 R22 制冷剂的制冷装置,为了尽可能地消除有害过热,提高制冷压缩机的效率,应尽量采用回热循环。

另外 R113、R114、RC319 等制冷剂,不能按上式来判断采用回热循环是否有利,而要从另一角度考虑,即应根据这类制冷剂的特性,主要是以防止制冷压缩机工作时不出现湿冲程为目的,这样就应当采用回热循环来提高吸气温度,保证制冷压缩机干压行程。

总之,在实际工程中是否采用回热循环,除了考虑制冷系数和单位容积制冷量的提高之外,还应考虑到制冷压缩机运行的安全性和实现回热循环的可能性以及制冷装置大小等因素,因为应用回热循环也会带来一系列问题,回热循环要增加一个回热器,并使吸气压力降增大、压缩机的吸气压力降低等等,因而在制冷装置中是否设置回热器应进行综合权衡而定。

第三节 冷凝、蒸发温度变化对制冷循环的影响

制冷装置在日常运行中,当外界条件变化时,必将导致制冷循环的冷凝温度 t_k 和蒸发温度 t_0 的变化,导致制冷循环性能的变化,尤其是制冷循环的制冷量、轴功率和制冷系数的变化。本节将对其变化规律进行分析。

一、冷凝温度 t_k 变化对循环的影响

冷凝温度 t_k 的变化主要由地区的不同及季节的改变、冷却方式不同等原因引起的。

先来研究蒸发温度 t_0 保持不变而冷凝温度 t_k 发生变化的情况。图 3-12 示出 t_k 变化时,单级压缩制冷理论循环的压焓图。由图可以看出,当冷凝温度由 t_k 升高到 t_k' 时,制冷循环由 1—2—3—4—1 改变为 1—2'—3'—4'—1,引起的变化为:

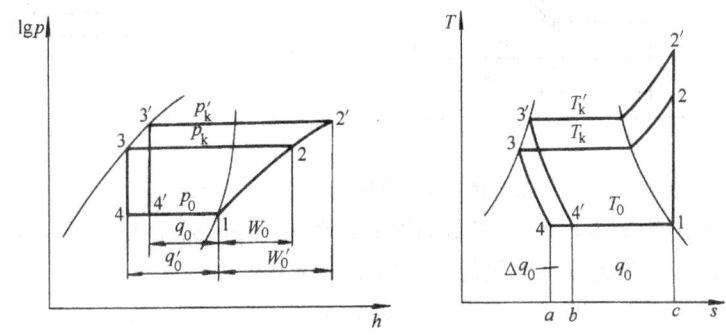

图 3-12 t_k 变化时循环特性的改变

当冷凝温度 t_k 升高时对循环的主要影响有:

1) 冷凝压力 p_k 随冷凝温度 t_k 的升高而升高,压力比 p_k/p_0 增大,制冷压缩机的排气温度 t_2' 升高。

2) 单位制冷量减少,即 $q_0'(=h_1-h_{4'})<q_0(=h_1-h_4)$,吸气比容 v_1 不变,单位容积制冷量减少,即 $q_v'<q_v$。

3) 单位理论功增大,即 $W_0'(=h_{2'}-h_1)>W_0(=h_2-h_1)$,单位容积理论功增大,$W_v'>W_v$。

4) 若忽略输气系数的变化,则制冷剂循环量 $G=\dfrac{V_h\lambda}{3600v_1}$ 不变,所以循环的制冷量 Q_0 必定降低,轴功率必定增大,如图 3-13 所示:

5) 由于冷凝温度 t_k 的升高,使得制冷量减小(q_0'),功耗增加(W_0'),制冷系数 ε 必然降低。

由以上分析可知,当冷凝温度 t_k 升高时,冷凝压力 p_k 随之升高,制冷循环的制冷量减小,轴功率增大,制冷系数降低。当冷凝温度 t_k 降低时,变化情况恰恰相反。因此,在制冷装置的运行中,应保持尽可能低的冷凝温度 t_k。

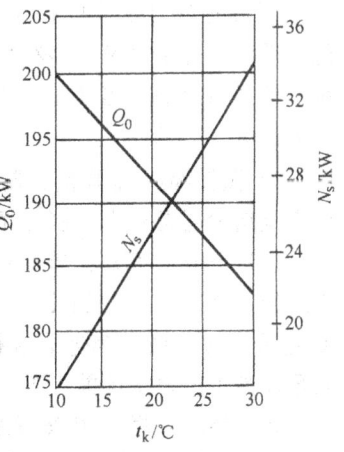

图 3-13 当 t_0 不变时,制冷量和轴功率随 t_k 变化的关系

二、蒸发温度 t_0 变化对循环的影响

冷凝温度 t_k 保持不变而蒸发温度 t_0 发生变化的情况是经常出现的，一方面是由于制冷机用于不同目的而需要保持不同的蒸发温度 t_0，另一方面制冷机在启动运行后，对冷间的降温过程中，蒸发温度 t_0 也是不断变化的，由环境温度逐渐降到工作温度。图 3-14 示出 t_0 变化时，单级压缩制冷循环的压焓图。由图可以看出，当制冷循环由 1—2—3—4—1 改变成 1'—2'—3—4'—1'，将引起蒸发温度的下降，同样也会对循环产生很大的影响，主要归纳成以下几点：

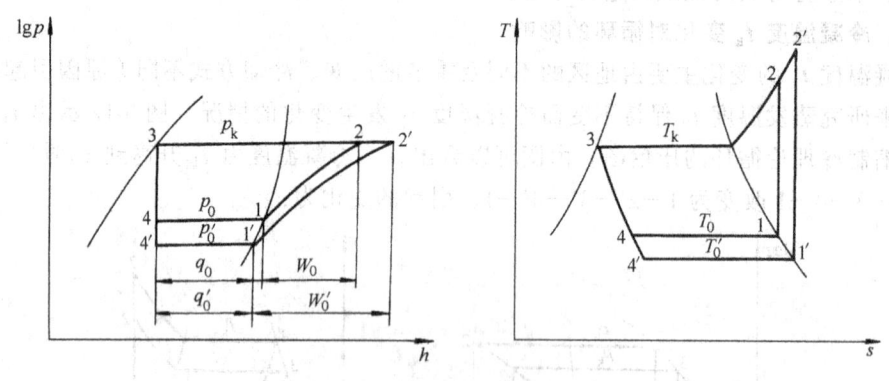

图 3-14　t_0 变化时循环特性的改变

1) 蒸发压力 p_0 随蒸发温度 t_0 降低而降低，压力比 p_k/p_0 增大，制冷压缩机的排气温度由 t_2 升高到 $t_{2'}$，也导致制冷压缩机的不可逆熵增增大。

2) 单位制冷量减少，即 $q_{0'} = h_{1'} - h_{4'} < q_0 = h_1 - h_4$，而 $h_4 = h_{4'}$，$h_1 - h_{1'}$ 的差很小，所以单位制冷量的减少量 $q_0 - q_{0'} = h_1 - h_{1'}$ 很小，可近似看作 $q_0 \approx q_{0'}$。但由于吸气比容的增大（$v_{1'} > v_1$），所以单位容积制冷量的减少是明显的，即 $q_v < q_{v'}$。

3) 吸气比容增大，制冷剂的循环量（G）减少。

4) 单位循环功增大（$W_{0'} > W_0$，$W_{v'} > W_v$），但由于循环量的减少，因此不能直接地看出制冷循环轴功率是增大还是减少。

有关的热力学分析和计算表明，当蒸发压力 p_0 由 p_k 变化到零时，理论功率 N_0 必然存在一个最大值（图 3-15 所示）。对于各种制冷剂，当其压力比 p_k/p_0 约等于 3 时，制冷机的耗功率最大。

5) 蒸发温度 t_0 降低，制冷量下降时，无论制冷压缩机的功率是增大还是减少，制冷循环的制冷系数总是降低的。

由以上分析可知，当蒸发温度 t_0 降低时，蒸发压力 p_0 随之降低，制冷循环的制冷量减小，制冷系数降低。当蒸发温度 t_0 升高时，情况变化恰恰相反。故在制冷机的运转中，在满足制冷工艺要求的前提下，应保持尽可能高的蒸发温度 t_0。

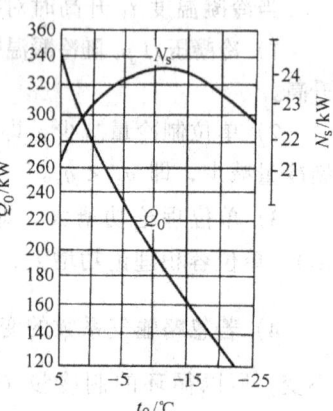

图 3-15　当 t_k 不变时，制冷量和轴功率随 t_0 变化关系

三、蒸发温度 t_0 和冷凝温度 t_k 同时变化对循环的影响

在实际制冷循环中，蒸发温度 t_0 和冷凝温度 t_k 有可能同时变化，其变化的规律与理论制冷循环有所不同。但变化的趋势是一致的。一般通过试验（或计算）由制冷压缩机的实际循环性能曲线图表达，如图 3-16、图 3-17 所示。

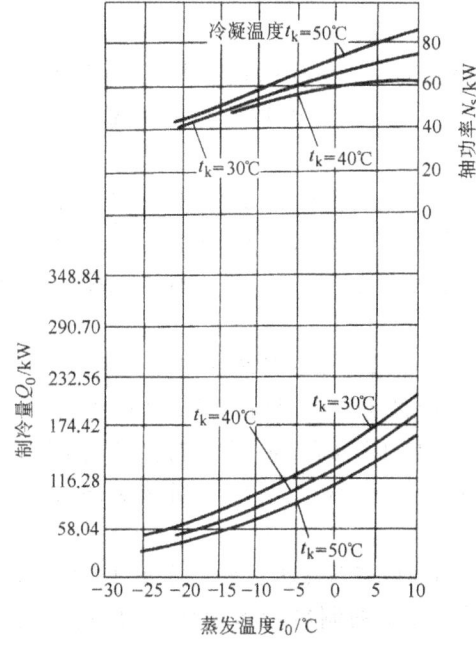

图 3-16 8FS12.5 制冷压缩机性能曲线
制冷剂：R22 转速 960r/min

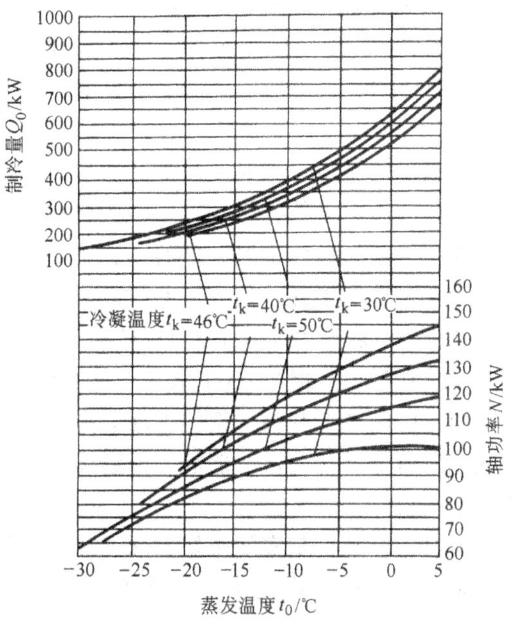

图 3-17 812.5AC 制冷压缩机性能曲线
制冷剂：R717 转速 1200r/min

提高冷凝温度 t_k 和降低蒸发温度 t_0 对循环都是不利的，都会使制冷系数降低。根据有关计算分析可知，降低蒸发温度 t_0 对循环的影响要比升高冷凝温度 t_k 的影响来的大，所以在制冷系统的设计和运行管理中，一方面要降低冷凝温度 t_k，另一方面在符合工艺要求的前提下，不能任意降低蒸发温度 t_0。

以上分析，是对同一种制冷剂在制冷循环过程中，冷凝温度 t_k 和蒸发温度 t_0 变化对制冷循环的影响。事实上，应用不同制冷剂时也会对制冷循环产生影响。

因同一台制冷压缩机的理论输气量 V_h 是不变的，当分别应用 x、y 两种制冷剂时，其制冷量可用下式表示：

$$Q_{0x} = Q_{0y} \frac{(\lambda q_v)_x}{(\lambda q_v)_y} \tag{3-36}$$

如果忽略输气系数的变化，$\lambda_x = \lambda_y$，则可近似地认为制冷循环的制冷量与单位容积制冷量成正比关系：

$$\frac{Q_{0x}}{Q_{0y}} = \frac{\lambda_x q_x}{\lambda_y q_y} \approx \frac{q_{vx}}{q_{vy}} \tag{3-37}$$

在 $t_k = 30℃$，$t_0 = -15℃$，氨制冷压缩机改用其他制冷剂时，若以用氨制冷剂时的制冷量为 100，则改用其他制冷剂时制冷量如表 3-2 所列（未考虑 λ 值的变化）。

表 3-2 采用不同制冷剂时制冷机的制冷量

制冷剂	R717	R22	R12	R142	R21	R11
制冷量	100	95.5	58.9	30.5	16.9	6.81

从表中可以看出，采用不同制冷剂时制冷机制冷量会发生较大的变化。

四、单级制冷压缩机的工况

由于制冷机的制冷量随工质与工作条件而变，所以在标明制冷机的制冷能力时，应说明制冷机工作时采用的制冷剂和工作温度，这是比较和评估制冷机性能的基础。

用来标定制冷机名义制冷量和功率的条件，称为工况。工况是由采用的制冷剂种类和制冷机工作的温度条件(蒸发温度 t_0、吸气温度、冷凝温度 t_k、过冷温度 t_{sc})组成。工况的具体数值是根据国家的具体情况制订的。我国20世纪80年代以前的工况标准有标准工况、空调工况以及最大功率工况，最大压差工况。

新标准(GB/T10871—1989)对各种型式的制冷压缩机规定了三种名义工况，即高温工况、中温工况和低温工况(表3-3、表3-4、表3-5)。名义工况是用来标明制冷机工作能力的温度条件，即铭牌制冷量和轴功率的工况。另外还规定了考核工况(表3-6、表3-7)。考核工况是用于试验时考核产品合格性能的工作温度条件。合格的制冷压缩机应符合国家有关部门规定的考核工况值。

名义工况并不是实际工作工况。实际工作工况由实际工程中的工作温度条件决定。对于一台制冷压缩机，当使用的制冷剂一定时，不同工况下的制冷量和轴功率间的换算公式为：

$$Q_{0b} = Q_{0a} \frac{\lambda_b}{\lambda_a} \frac{q_{vb}}{q_{va}} \tag{3-38}$$

$$N_{sb} = N_{sa} \frac{G_b}{G_a} \frac{W_{0b}}{W_{0a}} \frac{(\eta_i \eta_m)_a}{(\eta_i \eta_m)_b} \tag{3-39}$$

或

$$N_{sb} = N_{sa} \frac{(\lambda W_v)_b}{(\lambda W_v)_a} \frac{(\eta_i \eta_m)_a}{(\eta_i \eta_m)_b}$$

式中　Q_{0a}——工况 a 时的制冷量(kW)；

Q_{0b}——工况 b 时的制冷量(kW)；

λ_a——工况 a 时的输气系数；

λ_b——工况 b 时的输气系数；

N_{sa}——工况 a 时的制冷压缩机轴功率(kW)；

N_{sb}——工况 b 时的制冷压缩机轴功率(kW)；

G_a——工况 a 时的制冷剂循环量(kg/s)；

G_b——工况 b 时的制冷剂循环量(kg/s)；

W_{0a}——工况 a 时的单位理论功(kJ/kg)；

W_{0b}——工况 b 时的单位理论功(kJ/kg)；

W_v——工况 a 时的单位容积理论功(kJ/m³)；

W_v——工况 b 时的单位容积理论功(kJ/m³)。

表 3-3 全封闭活塞式制冷压缩机名义工况

使用温度	制冷剂	冷凝温度 t_k/℃	蒸发温度 t_0/℃	过冷温度 t_{sc}/℃	吸气温度 t_{sh}/℃	环境温度/℃
高温	R22	54.4	7.2	46.1	35	35±3
低温	R22 R502	30	-15	25	15	35±5

表 3-4 小型活塞式单级制冷压缩机名义工况（GB/T 10871—1989）

使用温度	制冷剂	吸入压力饱和温度/℃	吸入温度/℃	排出压力饱和温度/℃	制冷剂液体温度/℃
高温	R12	7	18	49	44
	R22	7	18	49	44
中温	R12	-7	18	43	38
	R22	-7	18	43	38
低温	R12	-23	5	43	38
	R22	-23	5	43	38
	R502	-23	5	43	38

表 3-5 中型活塞式单级制冷压缩机名义工况（GB/T 10874—1989）

使用温度	制冷剂	吸入压力饱和温度/℃	吸入温度/℃	排出压力饱和温度/℃		制冷剂液体温度/℃	
				低冷凝压力	高冷凝压力	低冷凝压力	高冷凝压力
高温	R12	7	18	43	55	38	50
	R22	7	18	43	55	38	50
中温	R12	-7	18	35	55	30	50
	R22	-7	18	35	55	30	50
	R717	-7	1	35	—	30	—
低温	R12	-23	5	35	55	30	50
	R22	-23	5	35	—	30	—
	R502	-23	5	35	—	30	—
	R717	-23	-15	35	—	30	—

表 3-6 中型制冷压缩机和压缩机组考核工况

使用温度	制冷剂	吸入压力饱和温度/℃	吸入温度/℃	排出压力饱和温度/℃		制冷剂液体温度/℃	
				低冷凝压力	高冷凝压力	低冷凝压力	高冷凝压力
高温	R12 R22	5	15	40	50	35	45
中温、低温	R12 R22	-15	15	30	50	25	45
	R502	-15	15	30	—	25	—
	R717	-15	-10	30	—	25	—

表 3-7 小型制冷压缩机和压缩机组考核工况

使用温度	制冷剂	吸入压力饱和温度/℃	吸入温度/℃	排出压力饱和温度/℃	制冷剂液体温度/℃
高温	R12	5	15	40	35
	R22	5	15	40	35
中温	R12	-15	15	30	25
	R22	-15	15	30	25
低温	R12	-15	15	30	25
	R22	-15	15	30	25
	R502	-15	15	30	25

第四节 单级蒸气压缩式制冷实际循环的热力计算

一、热力计算的任务

对制冷循环进行热力计算,是为了算出该循环的性能指标、压缩机的容量及功率、热交换器(冷凝器、再冷器等)的热负荷,为选用制冷机器设备提供原始资料。或者是根据生产任务,按照工艺要求的工况条件,对选定的机器设备进行校核计算。

二、热力计算的基本原则

1) 在热力计算中,一般根据生产所需要的负荷来计算,不考虑制冷系统的备用负荷。

2) 设备负荷与制冷机负荷匹配,即根据制冷机负荷进行设备负荷计算。

3) 选定的制冷循环工作条件不得超过制造厂所规定的允许条件,以保证安全、高效运行,否则整个计算都是无意义的。制冷压缩机限定工作条件如表 3-8、表 3-9、表 3-10。

表 3-8 全封闭活塞式制冷压缩机设计和使用条件

使用条件	制冷剂	R12	R22	R502
最高冷凝温度 t_k/℃	高温用	—	60	—
	低温用	60	50	50
最大压力/MPa	高温用	—	2.0	—
	低温用	1.2	1.6	1.6
最高排气温度/℃		130	150	150
蒸发温度 t_0/℃	高温用	—	-15~10	—
	低温用	-30~-5	-30~-5	-45~-5

表 3-9 小型单级活塞式制冷压缩机设计和使用条件

使用条件	制冷剂	R12	R22	R502
最高排气压力饱和温度/℃		60	60、55、49①	49
最大压力差/MPa		1.4	50	1.8

(续)

使用条件 \ 制冷剂	R12	R22	R502
最高吸气压力饱和温度/℃	10	10	-10
最高排气温度/℃	125	145	145
使用温度范围(蒸发温度 t_0)/℃ 高温	-10~10	-10~10	—
中温	-20~0	-20~0	—
低温	-30~-10	-25~-10	-45~-10

① 60℃为用于高温、55℃为用于中温、49℃为用于低温。

表 3-10 中型单级活塞式制冷压缩机设计和使用条件

使用条件	R717	R22 高冷凝压力	R22 低冷凝压力	R502
最高排气压力饱和温度/℃	46	60.55①	49	49
最大压力差/MPa	1.6	1.8	1.6	1.4
最高吸气压力饱和温度/℃	5	10	10	-10
最高排气温度/℃	150	145	145	145
使用温度范围(蒸发温度 t_0)/℃ 高温	—	-10~10	-10~10	—
中温	-15~5	-20~0	-20~0	—
低温	-30~-10	—	-35~-10	-40~-10

① 60℃为高温用、55℃为低温用。

三、单级实际制冷循环热力计算的一般步骤

根据确定的制冷剂和制冷循环形式,计算循环工作参数,确定相关的热力状态点,从而求出单级实际制冷循环的制冷量、轴功率、能效比等。

(一) 确定循环工作参数

单级实际制冷循环的工作参数主要指循环的蒸发温度 t_0、冷凝温度 t_k、过冷温度 t_{sc} 和过热温度 t_{sh}。制冷循环的工作温度是根据制冷工艺要求、当地气象水文条件、所选用的制冷剂特性、制冷机和制冷设备的型式性能等因素来确定。

1. 蒸发温度 t_0

蒸发温度 t_0 的确定取决于被冷却系统的低温要求及制冷剂与被冷却系统间的传热温差、冷却方式及载冷剂的种类等。

对于以空气为冷媒,t_0 要比空气温度低 8~12℃,即

$$t_0 = t - (8 \sim 12)$$

对于以水为冷媒,t_0 要比空气温度低 4~6℃,即

$$t_0 = t - (4 \sim 6)$$

式中,t 是冷媒温度(℃)。

通常对冷却淡水和盐水的蒸发器,其传热温差取 $\Delta t = 5℃$,对冷却空气的蒸发排管则取 $\Delta t = 10℃$。

2. 过热温度 t_{sh}

过热温度 t_{sh} 取决于回热的形式、蒸发温度 t_0 和制冷剂种类等。过热温度 t_{sh} 可根据名义工况所规定的过热范围来确定，也可按经验确定。

氨压缩机的允许过热温度 t_{sh} 见表 3-11。

表 3-11 氨机允许吸气温度

蒸发温度 $t_0/℃$	0	-10	-20	-30	-40
过热温度 $t_{sh}/℃$	1	-7	-13	-19	-25
过热度 $\Delta t_{sh}/℃$	1	3	7	11	15

3. 冷凝温度 t_k

冷凝温度 t_k 取决于冷却条件和冷凝器形式。同时也受到制冷极限使用条件的限制，另外在设计计算时宜留有 1~2℃ 的裕度。

对于立式、卧式、淋激式冷凝器，当用水冷却时

$$t_k = t_2 + (4 \sim 6)$$

式中，t_2 是冷凝器中冷却水的出口温度（℃），由进入冷凝器的水温 t_1 加上水在冷凝器中升温 Δt（一般为 2~5℃）求得，即

$$t_2 = t_1 + \Delta t$$

对风冷式冷凝器，当迎风面风速为 2~3m/s 时，其传热系数 $k = 24 \sim 29 W/m^2 \cdot K$，其冷凝温度 t_k 与进风温度 t_{1F}（由当地气候条件决定）的温差为 13~15℃，则

$$t_2 = t_{1F} + (13 \sim 15)$$

4. 过冷温度 t_{sc}

过冷温度 t_{sc} 取决于制冷剂特性和冷却方式。

氨单级制冷系统一般不设水冷过冷器，取 $\Delta t_{sc} = 0$；

氟用卧式冷凝器逆流换热时，可取适量过冷度 Δt_{sc}。

氟单级制冷系统采用回热器时，取液体过冷度 $\Delta t_{sc} = 3 \sim 5℃$，即

$$\Delta t_{sc} = t_k - (3 \sim 5)$$

（二）根据选定的制冷剂、循环形式和相应的工作参数，在相应的制冷剂压焓图和温熵图中画出制冷循环曲线，在曲线上标定相应的状态点，再由制冷剂的热力图表求出各状态点的有关热力参数。

（三）根据要求进行制冷循环的热力性能计算。计算出制冷循环的制冷量、轴功率、制冷系数、能效比、以及冷凝器负荷、回热器负荷、过冷器负荷等。

下面结合例题对单级蒸气压缩式制冷实际循环的热力计算方法进行分析。

例 3-1 某空调用制冷系统，工质为氨，需要制取冷量 $Q_0 = 48kW$，空调用冷水温度 $t_c = 10℃$，冷却水温度 $t_w = 32℃$，蒸发器传热温差取 $\Delta t_0 = 5℃$，冷凝器传热温差取 $\Delta t_k = 8℃$。

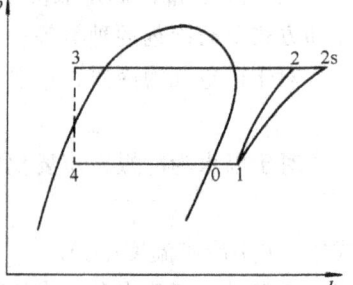

图 3-18 例 3-1 用图

求 试进行制冷机的热力计算。

计算中取液体过冷度 $\Delta t_g = 5℃$，无效吸气过热度 $\Delta t_r = 5℃$，压缩机的输气系数 $\lambda = 0.8$，指示效率 $\eta_i = 0.8$，机械效率 $\eta_m = 0.9$。

解 按题意绘制制冷循环的 p-h 图，如图 3-18 所示。根据已知条件，制冷机的工作温度为：

$$t_k = t_w + \Delta t_k = 32 + 8℃ = 40℃; \quad t_0 = t_c - \Delta t_0 = 10 - 5℃ = 5℃$$

$$t_3 = t_k - \Delta t_g = 40 - 5℃ = 35℃; \quad t_1 = t_0 + \Delta t_r = 5 + 5℃ = 10℃$$

查氨的热力性质表和图（附表 1 及附图 1），得循环各特征点的状态参数如下。

点 号	p/MPa	t/℃	h/(kJ/kg)	v/(m³/kg)
0	0.517	5	1461.693	—
1	0.517	10	1475.243	0.2494
2	0.557	—	1635.953	—
3	1.557	35	366.691	—

1）单位制冷量

$$q_0 = h_0 - h_4 = (1461.693 - 366.691)\text{kJ/kg} = 1095\text{kJ/kg}$$

2）单位容积制冷量

$$q_v = \frac{q_0}{v_1} = \frac{1095}{0.2494}\text{kJ/m}^3 = 4390.55\text{kJ/m}^3$$

3）理论功

$$W_0 = h_2 - h_1 = (1635.953 - 1475.243)\text{kJ/kg} = 160.71\text{kJ/kg}$$

4）指示功

$$W_{vi} = \frac{W_0}{\eta_i} = \frac{160.71}{0.8}\text{kJ/kg} = 200.89\text{kJ/kg}$$

5）制冷系数

$$\varepsilon_0 = \frac{q_0}{W_0} = \frac{1095}{160.71} = 6.81$$

$$\varepsilon_i = \frac{q_0}{W_i} = \frac{1095}{200.89} = 5.45$$

6）制冷剂循环量

$$G = \frac{Q_0}{q_0} = \frac{48}{1095}\text{kg/s} = 0.0438\text{kg/s}$$

7）压缩机实际输气量

$$V_s = GV_1 = 0.0438 \times 0.2494\text{m}^3/\text{s} = 0.0109\text{m}^3/\text{s}$$

8）压缩机理论输气量

$$V_h = \frac{V_s}{\lambda} = \frac{0.0109}{0.8}\text{m}^3/\text{s} = 0.0137\text{m}^3/\text{s}$$

9）压缩机理论功率

$$N_0 = G_{W_0} = 0.0438 \times 160.71\text{kW} = 7.04\text{kW}$$

10）压缩机指示功率

$$N_i = \frac{N_i}{\eta_m} = \frac{7.04}{0.9}\text{kW} = 8.8\text{kW}$$

11）压缩机的轴功率

$$N_s = \frac{N_e}{\eta_i} = \frac{8.8}{0.8}\text{kW} = 9.8\text{kW}$$

12）实际制冷系数

$$\varepsilon_s = \varepsilon_0 \eta_i \eta_m = 6.81 \times 0.8 \times 0.9 = 4.9$$

13）冷凝器热负荷

压缩机实际排气比焓值

$$h_{2s} = h_1 + W_i = (1475.243 + 200.89)\text{kJ/kg} = 1676.133\text{kJ/kg}$$

$$Q_h = Q_0 + G(h_{2s} - h_1) = (48 + 0.0438(1676.133 - 1475.243))\text{kW} = 56.8\text{kW}$$

例 3-2 某单位现有一台2F10型制冷压缩机，欲用来配一座小型冷藏库，库温要求为 $t_c = -15℃$，水冷冷凝器的冷却水温度 $t_w = 30℃$，已知压缩机参数：缸径 $D = 100\text{mm}$，行程 $S = 70\text{mm}$，缸数 $Z = 2$，转速为 $n = 960\text{r/min}$。蒸发器的传热温差取 $\Delta t_0 = 10℃$，冷凝器的传热温差取 $\Delta t_k = 5℃$，工质为 R12，蒸发器出口的过热度为 5℃，管路过热度为 15℃，液体无过冷，机械效率 $\eta_m = 0.9$，指示效率 $\eta_i = 0.61$，输气系数 $\lambda = 0.5$。

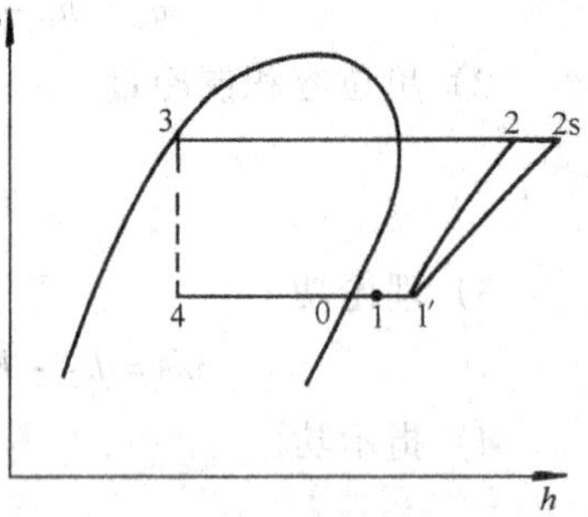

求 试进行运行工况下制冷机的热力计算。

解 制冷机的运行工况为

$$t_k = t_w + \Delta t_k = (30 + 5)℃ = 35℃$$

查附表 2 $p_k = 847.72$ kPa

$$t_0 = t_c - \Delta t_0 = (-15 - 10)℃ = -25℃$$

查附表 2 $p_0 = 123.68$ kPa

图 3-19 例 3-2 用图

在 R12 的压焓(p-h)图上绘制循环过程图，如图 3-19 所示。

各状态点的参数如下：

点号	p/MPa	t/℃	h/(kJ/kg)	v/(m³/kg)
0	0.12	-20	343.36	—
1'	0.12	-5	352.26	0.1436
2	0.85	—	390.0	
3	0.85	35	233.498	

1）制冷量

$$q_0 = h_1 - h_4 = (343.36 - 233.498)\text{kJ/kg} = 109.86\text{kJ/kg}$$

2）容积制冷量

$$q_v = \frac{q_0}{v_{1'}} = \frac{109.86}{0.1436}\text{kJ/m}^3 = 765.05\text{kJ/m}^3$$

3）理论功

$$W_0 = h_2 - h_{1'} = (390 - 352.26)\text{kJ/kg} = 37.74\text{kJ/kg}$$

4) 指示功

$$W_i = \frac{W_0}{\eta_i} = \frac{37.74}{0.61}\text{kJ/kg} = 61.87\text{kJ/kg}$$

5) 制冷系数

$$\varepsilon_0 = \frac{q_0}{W_0} = \frac{109.86}{37.74} = 2.91$$

$$\varepsilon_i = \frac{q_0}{W_i} = \frac{109.86}{61.87} = 1.77$$

6) 理论输气量

$$V_h = \frac{\pi}{4}D^2 SnZ/60 = \frac{\pi}{4} \times 0.1^2 \times 0.07 \times 960 \times 2/60 \text{m}^3/\text{s} = 0.0176\text{m}^3/\text{s}$$

7) 实际输气量

$$V_s = V_h \lambda = 0.0176 \times 0.5 \text{m}^3/\text{s} = 0.0088\text{m}^3/\text{s}$$

8) 制冷剂流量

$$G = \frac{V_s}{\lambda v_{1'}} = \frac{0.0088}{0.1436}\text{kg/s} = 0.0612\text{kg/s}$$

9) 总制冷量

$$Q_0 = Gq_0 = 0.0612 \times 109.86\text{kW} = 6.73\text{kW}$$

10) 压缩机理论功率

$$N_0 = GW_0 = 0.0612 \times 37.74\text{kW} = 2.31\text{kW}$$

11) 压缩机指示功率

$$N_i = GW_i = 0.0612 \times 61.87\text{kW} = 3.79\text{kW}$$

12) 压缩机的轴功率

$$N_e = \frac{N_i}{\eta_m} = \frac{3.79}{0.9}\text{kW} = 4.2\text{kW}$$

13) 冷凝器热负荷

$$h_{2s} = h_{1'} + \frac{h_2 - h_{1'}}{\eta_i} = \left(352.26 + \frac{390 - 352.26}{0.61}\right)\text{kJ/kg} = 414.13\text{kJ/kg}$$

$$Q_h = G(h_{2s} - h_3) = 0.0612 \times (414.13 - 233.498) = 11.05\text{kW}$$

第四章 多级蒸气压缩式及复叠式制冷循环

第一节 采用多级蒸气压缩式制冷循环的必要性

采用多级蒸气压缩式制冷循环，是根据单级蒸气压缩制冷循环的局限性和多级蒸气压缩制冷循环的特性所决定的。

一、单级蒸气压缩式制冷循环的局限性

通常在单级蒸气压缩式制冷机中，随冷凝温度 t_k 和采用制冷剂的不同，蒸发温度 t_0 一般只能达到 $-20 \sim -40℃$，它主要受压缩比不能过大的限制。

压缩比与冷凝压力 p_k 和蒸发压力 p_0 有关，当 p_k 一定时，随着蒸发温度 t_0 的降低，p_0 也相应下降，因而使压缩比上升，它将引起压缩机排气温度的升高，润滑油变稀，使润滑条件变坏，甚至会出现结炭和拉缸现象。另一方面，由于压缩比的增大，导致压缩机的输气系数降低，实际压缩过程偏离等熵过程的程度增大，因而使循环的制冷量下降，功率消耗增加，制冷系数下降，经济性降低。图 4-1 就表示了单级制冷循环压力比变化对压缩机作功能力的影响。

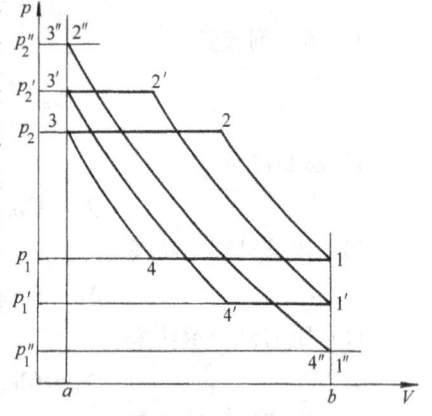

图 4-1 不同压力比 p_k/p_0 下的单级活塞式制冷压缩机的示功图
a—活塞上止点 b—活塞下止点
p_1—吸气压力 p_2—排气压力

对于氨制冷剂，因绝热指数较大，排气温度较高，单级压缩所允许达到的最低蒸发温度 t_0 要高些，而对于氟利昂制冷剂而言，允许的最低蒸发温度 t_0 要低些。根据《中小型活塞式单级制冷压缩机型式及基本参数》所规定的工作条件，现代活塞式单级制冷压缩机的压力比一般规定：氨机压力比小于或等于 8；氟机压力比小于或等于 10；使用离心式制冷压缩机时，每一级所能达到的压力比要小些，压力比应小于 4。

所以单级蒸气压缩式制冷循环在应用中温中压制冷剂时，蒸发温度 t_0 通常达到 $-20 \sim -30℃$，最低只能达到 $-40℃$。当需要制取更低的蒸发温度 t_0 时就得应用两级压缩制冷循环，温度更低时则应采用复叠式制冷循环。

二、多级蒸气压缩式制冷循环的特点

采用多级蒸气压缩制冷循环，能够避免或减少单级蒸气压缩制冷循环中由于压力比过大所引起的一系列不利的因素，从而改善制冷压缩机的工作条件。

1) 采用多级压缩制冷循环，可使每一级的压力比降低，减少活塞式制冷压缩机的余隙容积影响，减少制冷剂蒸气与气缸壁之间的热交换，减少制冷剂在压缩过程中的内部泄漏损失等，提高制冷压缩机的输气系数，提高实际输气量，在其他条件不变的情况下，增加循环的制冷量。

2）每一级的压力比降低，可以提高制冷压缩机的指示效率，减少实际压缩过程中的不可逆损失。在有中间冷却的多级压缩中，可节省循环耗功；降低每一级的排气温度，保证制冷系统的高效安全运行。如图4-2所示。

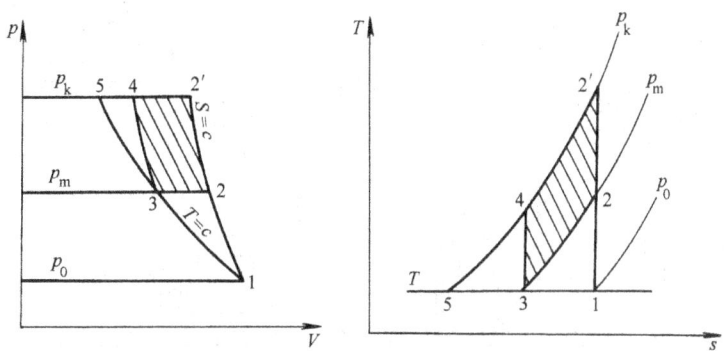

图4-2　有中间冷却的多级压缩压焓图和温熵图

3）降低了每一级的压力比，同样也降低了每级制冷压缩机的压力差，使得制冷机运行的平衡性增高，机械摩擦损失减少。在设计时，可简化制冷机结构，降低生产成本。

4）采用多级压缩制冷循环，可提高制冷循环中的节流效应，减少节流损失，提高制冷效率。

5）采用多级压缩循环，对于离心式制冷机来说，可以节省能源，降低离心机工作转速。简化离心机的结构及减少离心机产生喘振的机会。

从热力学上分析，定温压缩过程是最佳压缩的热力过程，耗功最少。并且从理论上讲，当带有中间冷却的多级压缩级数越多，越接近等温压缩过程，省功越多，制冷系数也就越大。如有中间冷却的无穷多级压缩，则整个压缩过程就越接近等温过程，这在实际工程中是做不到的。在实际工程中不采用过多的压缩级数，因级数过多，使系统复杂，设备费用增加，技术复杂性提高。在应用中温中压制冷剂时，活塞式制冷压缩机的三级压缩制冷循环所达到的蒸发器温度范围与两级压缩循环相差不大，所以现代活塞式制冷机常采用两级压缩制冷循环。

另外，特别需要指出的是，多级压缩系统中每一级都采用同种制冷剂。

第二节　两级蒸气压缩式制冷循环

两级蒸气压缩式制冷循环是目前广泛使用的制冷循环形式，图4-3所示为两级压缩氨制冷机在冷库制冷装置中的实际系统图。通过低压压缩机1和高压压缩机2组成两级压缩，再和其他设备与管路组成完整的两级压缩制冷循环系统，可以满足冷库一般 -18 ~ -60℃之间的库温降温要求。

一、常见两级蒸气压缩式制冷循环的基本形式

两级蒸气压缩式制冷循环，按照它们的节流级数和中间冷却方式不同有各种形式，常见的有：

1）一次节流中间完全冷却两级压缩制冷循环。

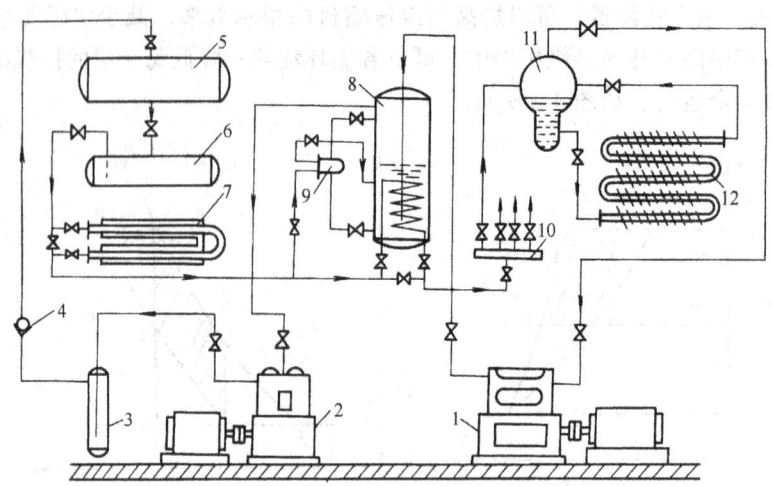

图 4-3 两级压缩氨制冷机实际系统图
1—低压压缩机　2—高压压缩机　3—油分离器　4—单向阀
5—冷凝器　6—贮液器　7—过冷器　8—中间冷却器　9—浮子调节阀
10—调节站　11—气液分离器　12—室内冷却排管（蒸发器）

2) 一次节流中间不完全冷却两级压缩制冷循环。
3) 一次节流中间完全不冷却两级压缩制冷循环。
4) 二次节流中间完全冷却两级压缩制冷循环。
5) 二次节流中间不完全冷却两级压缩制冷循环。

采用何种循环形式不但与所采用的制冷机型式有关，也与制冷剂的种类有关。一次节流方式适用于活塞式、螺杆式等制冷机，二次节流方式适用于离心式制冷机；对于采用 R12、R502 等制冷剂的两级循环应用中间不完全冷却方式是有利的；对于 R717 等制冷剂，从制冷系数、单位容积制冷量和制冷压缩机的排气温度等因素的分析可知宜采用中间完全冷却方式；对于 R22 等制冷剂，可以采用中间完全冷却方式，也可以采用中间不完全冷却方式，但在实际工程以采用中间不完全冷却方式为多。

（一）一次节流中间完全冷却两级压缩制冷循环

一次节流是指向蒸发器供液的制冷剂液体直接由冷凝压力 p_k 节流至蒸发压力 p_0 的节流过程。而中间完全冷却是指在中间冷却过程中，将低压级排气等压冷却到中间压力 p_m 下的干饱和蒸气的冷却过程。这是目前最常用的两级压缩制冷循环形式。

一次节流中间完全冷却两级压缩制冷循环原理图如图 4-4 所示。

一次节流中间完全冷却两级压缩制冷循环工作过程是：在蒸发器 h 产生的压力为 p_0 的低压蒸气，首先被低压压缩机 a 吸入并压

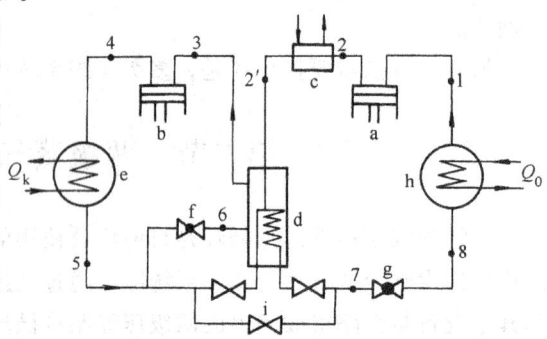

图 4-4 一次节流中间完全冷却
两级压缩制冷循环原理图
a—低压级制冷压缩机　b—高压级制冷压缩机
c—中间水冷却器　d—中间冷却器　e—冷凝器
f—节流阀A　g—节流阀B　h—蒸发器　i—旁通阀

缩到中间压力 p_m，进入中间冷却器 d，在其中被液体制冷剂蒸发冷却到与中间压力 p_m 相对应的饱和温度 t_m，再进入高压压缩机 b，进一步压缩到冷凝压力 p_k，然后进入冷凝器 e，在其中被冷却和冷凝成液体。由冷凝器出来的制冷剂液体，经过中间冷却器内的盘管，在管内因盘管外液体的蒸发而进一步过冷，再经节流阀 g 节流到蒸发压力 p_0，在蒸发器 e 中蒸发制冷；另一路经节流阀 f 节流到中间压力 p_m，进入中间冷却器，节流后的液体在中间冷却器内蒸发，冷却低压压缩机的排气和盘管内高压制冷剂液体，节流后产生的部分蒸气和因蒸发而产生的蒸气，随同低压压缩机的排气一同进入高压压缩机，压缩到冷凝压力 p_k 后排入冷凝器中。循环就这样周而复始地进行。如果高压液体不需要进入中间冷却器进一步冷却，可令它从旁通阀 i 流入节流阀 g。

从循环的工作过程可以看出，与单级压缩制冷循环比较，它不仅增加了一台压缩机，而且还增加了中间冷却器和一只节流阀，且高压级的制冷剂流量，因加上了中间冷却器内产生的蒸气而大于低压级的制冷剂流量。

在循环中采用中间水冷却器，可将一部分热量在中间冷却器前被冷却水带走，可减少高压级制冷压缩机的功率消耗，以提高制冷循环的经济性。所以采用中间水冷却器对循环是有利的。但在使用中间水冷却器时会存在这样一种情况，就是低压级排气与冷却器之间存在一定量的传热温差，对于氟利昂这个温差较小，而对于 R717 这个温差就较大，并且节省的功率也是很有限的，使用中间水冷却器会使管道系统复杂，又有可能提高低压级制冷压缩机的排气压力。因此在现代两级压缩制冷循环中一般已不再使用中间水冷却器，进入中间冷却器的制冷剂蒸气就是低压级排出的过热蒸气。在下面的热力分析中就不再考虑装设中间水冷却器。

一次节流中间完全冷却两级压缩制冷循环的压焓图和温熵图，如图 4-5 所示。图中：

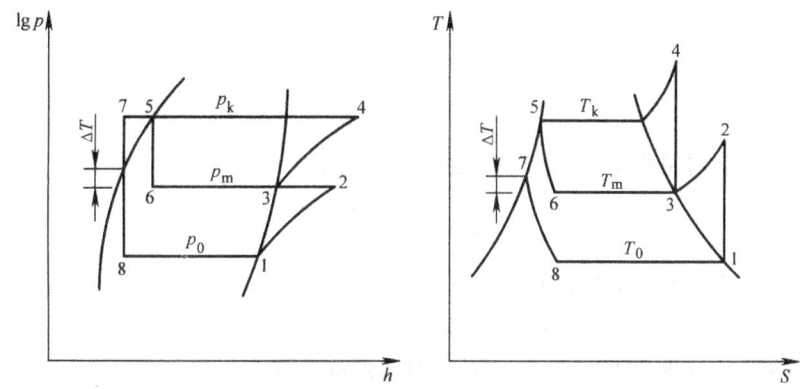

图 4-5 一次节流中间完全冷却两级压缩制冷理论循环压焓图和温熵图

8—1 为制冷剂蒸气在蒸发器内的吸热过程，从低温热源获取冷量 Q_0。

1—2 为低压级压缩过程，耗功 N_{0L}。

2—3 为低压级排气在中间冷却器内的等压冷却过程，低压级排气被完全冷却成中间压力 p_m 下的干饱和蒸气。

3—4 为高压级压缩过程，耗功 N_{0H}。

4—5 为制冷剂蒸气在冷凝压力 p_k 下的等压冷却冷凝过程，向高温热源放热 Q_k。

5—6 为制冷剂液体经节流阀 A 由 p_k 至 p_0 的节流过程，并向中间冷却器供液。

5—7 为制冷剂饱和液体在中间冷却器盘管中的再冷却过程，盘管内制冷剂液体向中间冷却器内的中间压力 p_m 下的制冷剂放热 Q_m（中间冷却器盘管和负荷）。

7—8 为制冷剂经节流阀 B 由 p_k 至 p_m 的节流过程，点 8 是向蒸发器供液的状态。

中间冷却器盘管内的液体与中间冷却器内的制冷剂液体存在一个温差，这一温差使循环中制冷剂液体得到过冷，其过冷度 $\Delta t_{sc} = t_k - t_7 = t_s - t_7$。如果高压液体不在中间冷却器盘管中再冷却时，制冷剂液体就通过旁通阀流动，图 4-5 中 5 与 7 状态点相重合，过冷度 $\Delta t_{sc} = 0$，这时循环图形相应变化成图 4-6 所示。

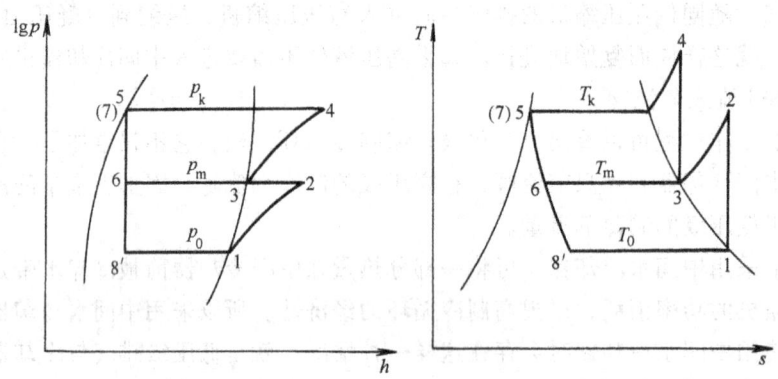

图 4-6　不具有中冷器盘管再冷却的一次节流
中间完全冷却循环压焓图和温熵图

根据图 4-6 可求得一次节流中间完全冷却两级压缩制冷理论循环的主要热力性能指标为：

1) 单位制冷量、单位容积制冷量

$$q_0 = h_1 - h_8 \tag{4-1}$$

$$q_v = \frac{q_0}{v_1} = \frac{h_1 - h_8}{v_1} \tag{4-2}$$

2) 当制冷循环的制冷量为 Q_0 时，低压级制冷剂循环量

$$G_L = \frac{Q_0}{q_0} = \frac{Q_0}{h_1 - h_8} \tag{4-3}$$

3) 低压级制冷压缩机的理论功率

$$N_{0L} = G_L W_{0L} = G_L (h_2 - h_1) \tag{4-4}$$

4) 高压级制冷剂循环量一般由中间冷却器的能量关系求得，忽略中间冷却器向环境介质的散热，根据图 4-7 列中间冷却器的能量平衡式，得

$$G_L h_2 + (G_H - G_L) h_6 + G_L h_5 = G_H h_3 + G_L h_7 \tag{4-5}$$

整理可得高压级制冷剂循环量：

$$G_H = G_L \frac{h_2 - h_7}{h_3 - h_6} \tag{4-6}$$

高压级与低压级的制冷剂循环量之比：

$$\frac{G_H}{G_L} = \frac{h_2 - h_7}{h_3 - h_6} \tag{4-7}$$

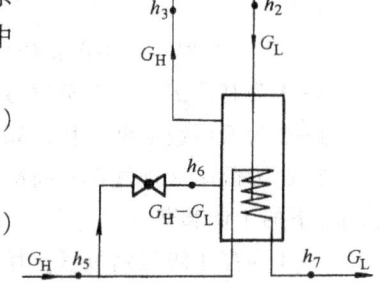

图 4-7　一次节流中间完全冷却循环
中间冷却器能量分析图

5) 高压级制冷压缩机理论功率

$$N_{OH} = G_H W_{OH} = G_H (h_4 - h_3) \quad (4-8)$$

6) 冷凝器负荷

$$Q_k = G_H q_k = G_H (h_4 - h_5) \quad (4-9)$$

7) 中间冷却器盘管负荷

$$Q_m = G_L q_m = G_L (h_5 - h_7) \quad (4-10)$$

8) 理论循环制冷系数

$$\varepsilon = \frac{Q_0}{N_{0L} + N_{0H}} = \frac{q_0}{W_{0L} + \frac{G_H W_{0H}}{G_L}} = \frac{h_1 - h_8}{(h_2 - h_1) + \frac{h_2 - h_7}{h_3 - h_6}(h_4 - h_3)} \quad (4-11)$$

9) 理论循环能效比

$$K_e = \frac{Q_0}{N_{0L} + N_{0H}} \quad (4-12)$$

10) 理论循环热力完善度

$$\beta_0 = \frac{\varepsilon_0}{\varepsilon_c} = \frac{h_1 - h_8}{(h_2 - h_1) + \frac{h_2 - h_7}{h_3 - h_6}(h_4 - h_3)} \cdot \frac{T_H - T_L}{T_L} \quad (4-13)$$

式中，ε_c 是同低温热源温度 T_L 和高温热源温度 T_H 间工作的理想制冷循环制冷系数。

以上是理论循环的分析计算方法。实际循环的分析方法与单级实际制冷循环一样，需考虑蒸气的过热、压缩的增熵不可逆性等，同样需计算高压级和低压级的指示功率、摩擦功率和轴功率等。

从理论循环计算耗功率、制冷量和制冷系数的公式中就可看出，在蒸发温度 t_0 与冷凝温度 t_k 已给定的情况下，耗功率、制冷量和制冷系数的大小是随中间压力 p_m（或中间温度 t_m）而变化的，所以合理地选择中间压力 p_m 可使循环功率消耗最少、制冷系数最大。这一结论对于两级压缩的理论循环和实际循环都是适用的。

(二) 一次节流中间不完全冷却两级压缩制冷循环

如果只将低压级排出的过热蒸气等压冷却降低一定量的温度而未达到饱和状态的冷却过程称为中间不完全冷却，目前氟利昂两级压缩制冷系统常采用这种形式。

一次节流中间不完全冷却两级压缩制冷循环原理图如图 4-8 所示。

一次节流中间完全冷却两级压缩制冷循环和一次节流中间不完全冷却两级压缩制冷循环的区别是：低压级的排气不在中间冷却器的制冷剂中冷却，而是与中间冷却器中产生的干饱和蒸气或湿饱和蒸气在节点（图 4-8 中 2 点与 3 点之间）相互混合冷却后再进入高压级制冷压缩机。因此高压级制冷压缩机吸入的制冷剂不是中间压力 p_m 下的干饱和蒸气，而是具有一定过热度的过热蒸气，这就是所谓

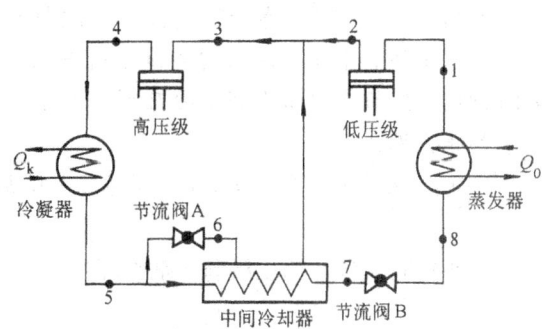

图 4-8 一次节流中间不完全冷却两级压缩制冷循环原理图

的"中间不完全冷却"。

一次节流中间不完全冷却两级压缩制冷理论循环的压焓图和温熵图如图4-9所示,其中的状态3'点是过热蒸气状态,在这个状态点的蒸气被高压级吸入,故而称为不完全冷却。两者热力分析方法除了高压级制冷剂循环量和高压级耗功率的计算不同之外,其余的基本相同。一次节流中间不完全冷却两级压缩制冷理论循环的热力性能同样有:

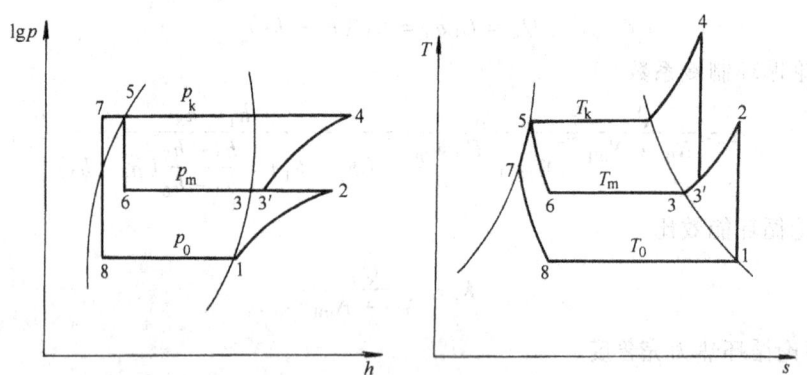

图4-9 一次节流中间不完全冷却两级压缩制冷理论循环压焓图和温熵图

1) 单位制冷量、单位容积制冷量

$$q_0 = h_1 - h_8 \tag{4-14}$$

$$q_v = \frac{q_0}{v_1} = \frac{h_1 - h_8}{v_1} \tag{4-15}$$

2) 已知制冷量 Q_0(kW),低压级制冷剂循环量

$$G_L = \frac{Q_0}{q_0} = \frac{Q_0}{h_1 - h_8} \tag{4-16}$$

3) 低压级理论功率

$$N_{0L} = G_L W_0 = G_L(h_2 - h_1) \tag{4-17}$$

4) 高压级制冷剂循环量

高压级制冷剂循环量 G_H 同样由一次节流中间不完全冷却循环的中间冷却器的能量分析得到,根据图4-10列出一次节流中间不完全冷却循环的中间冷却器能量平衡方程式:

$$(G_H - G_L)h_3 + G_L h_7 = (G_H - G_L)h_6 + G_L h_5 \tag{4-18}$$

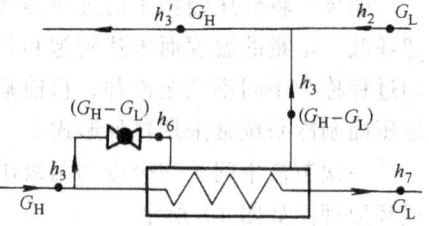

图4-10 一次节流中间不完全冷却循环中间冷却器能量分析图

整理得高压级与低压级制冷剂循环量之比:

$$G_H = G_L \frac{h_2 - h_7}{h_3 - h_6} \tag{4-19}$$

高压级制冷剂循环量:

$$\frac{G_h}{G_L} = \frac{h_3 - h_7}{h_3 - h_6} \tag{4-20}$$

需要指出的是,在实际循环中,为使高压级制冷压缩机高效工作,图4-9中3状态点必

须是湿饱和蒸气,这样必须对 t_3' 的温度作出限制(一般取 $t_3' \leqslant 15℃$),并通过能量平衡方程式确定 3 状态点。

5) 高压级制冷压缩机理论功率

$$N_{0H} = G_H W_{0H} = G_H(h_4 - h_3') \tag{4-21}$$

其他热力性能指标读者可自行分析。

(三) 一次节流中间完全不冷却两级压缩制冷循环

所谓中间完全不冷却是指在两级压缩循环中不采用中间冷却的方式。

在冷藏运输以及某些特定的生产工艺制冷工段的制冷装置中,既要达到低温又要简化制冷系统,这时常采用一次节流中间完全不冷却两级压缩制冷循环(图 4-11)。这种循环和前面所述的两级压缩比较,取消了中间

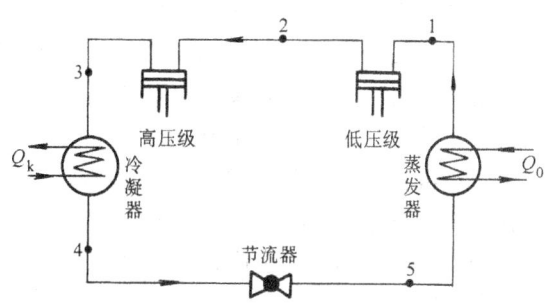

图 4-11 一次节流中间完全不冷却两级压缩制冷循环原理图

冷却器,因而系统进一步简化,但这种循环方式不省功,也不能提高循环的制冷量和制冷系数。在实际循环中是其有利的一面,因为在这种特定条件下,采用一次节流中间完全不冷却两级压缩制冷循环,可以降低每一级的压力比,改善每一级制冷压缩机的工作性能,提高了制冷压缩机的输气系数、指示效率,相应提高循环的实际输气量,降低轴功率,并且一定程度上提高了制冷量和制冷系数。一次节流中间完全不冷却两级压缩制冷理论循环压焓图和温熵图见图 4-12。

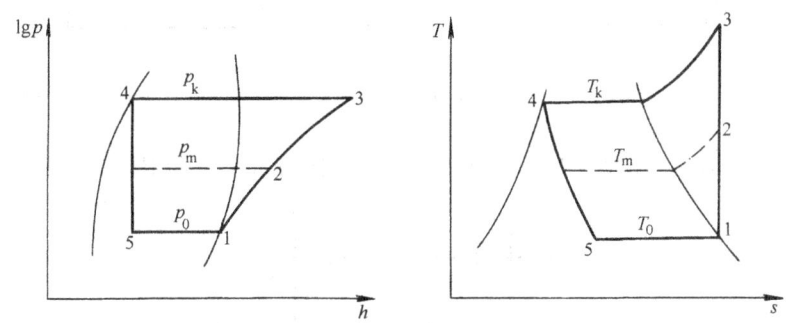

图 4-12 一次节流中间完全不冷却两级压缩制冷理论循环压焓图和温熵图

(四) 二次节流中间完全冷却两级压缩制冷循环

所谓二次节流就是指向蒸发器供液的制冷剂液体先从冷凝压力 p_k 节流到中间压力 p_m,再由中间压力 p_m 节流至蒸发压力 p_0 的节流过程。两次节流中间完全冷却方式一般适宜于氨离心式两级压缩制冷系统。图 4-13 表示了二次节流中间完全冷却两级压缩制冷循环(离心式)的工作原理。

其工作过程是:在蒸发器中吸热后的低压制冷剂蒸气经第 I 级(低压级)离心压缩机 a 吸入经叶轮从蒸发压力 p_0 压缩至中间压力 p_m,由第 I 级扩压管排出后进入中间省功器(中间冷却器 c)被完全冷却至中间压力 p_m 下的干饱和蒸气。第 II 级(高压级)离心压缩机 b 将制冷剂蒸汽继续将中间压力 p_m 压缩至冷凝压力 p_k,然后经冷凝器等压冷却冷凝成饱和液体。

制冷剂饱和液体经节流阀 A 节流到中间压力 p_m，进入中间省功器，一方面完全冷却第一级（低压级）排气，其冷却第Ⅰ级排气的气化蒸气和节流时产生的闪发性气体，作为补气随第Ⅰ级排气一起进入第Ⅱ级离心压缩机循环；另一方面，压力为 p_m 的饱和液体存在于中间省功器的下部，经节流阀 B 节流至蒸发压力 p_0 进入蒸发器吸热制冷。

图 4-14 是二次节流中间完全冷却两级压缩制冷理论循环的压焓图和温熵图。

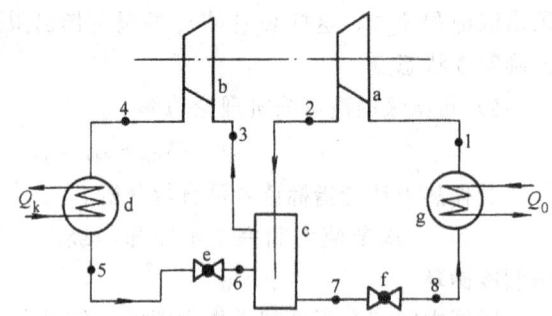

图 4-13　二次节流中间完全冷却
两级压缩制冷循环原理图
a—第Ⅰ级压缩机　b—第Ⅱ级压缩机
c—中间省功器（中间冷却器）　d—冷凝器
e—节流阀 A　f—节流阀 B　g—蒸发器

（五）二次节流中间不完全冷却两级压缩制冷循环

二次节流中间不完全冷却两级压缩制冷循环适宜于氟利昂离心式压缩制冷循环。图 4-15 表示了该循环的工作原理，图 4-16 表示了该理论循环的压焓图和温熵图。

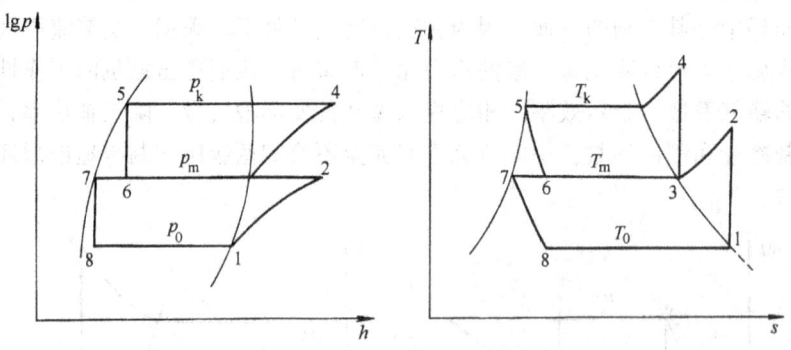

图 4-14　二次节流中间完全冷却两级压缩制冷理论循环压焓图和温熵图

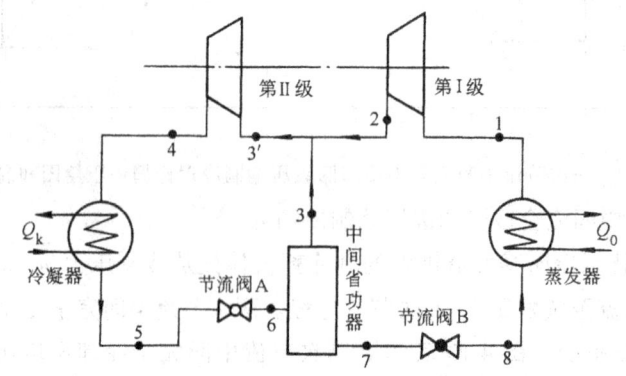

图 4-15　二次节流中间不完全冷却
两级压缩制冷循环原理图

二、两级蒸气压缩式制冷循环的比较分析

上面对五种两级压缩制冷循环进行了分析。从热力学角度看，这五种循环在制冷剂、蒸

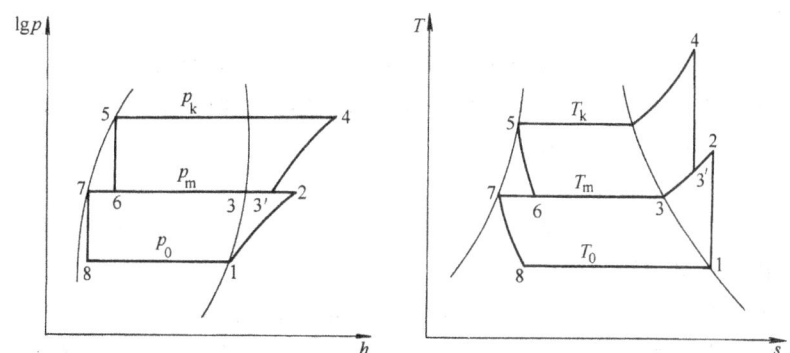

图 4-16 二次节流中间不完全冷却两级压缩制冷理论循环压焓图和温熵图

发温度 t_0、冷凝温度 t_k 及中间温度 t_m 分别相同的条件下,彼此存在着一定的差别。其主要差别在于:

1. 中间完全冷却和中间不完全冷却的差别

在其他条件相同的情况下,由于中间不完全冷却循环耗功大,因而中间不完全冷却循环的制冷系数要比中间完全冷却循环来得小。

2. 一次节流和二次节流的差别

由于在一次节流循环中,中间冷却器盘管具有传热温差 Δt,而使循环的单位制冷量减少。因而在相同的冷却条件下,一次节流循环要比二次节流循环的制冷系数来的小。但是,通常中间冷却器盘管出液端传热温差比较小($\Delta t = 3 \sim 7$℃),故而一次节流循环和二次节流循环实际的经济性差异也比较小。

尽管一次节流循环比二次节流循环实际的经济性要差些,但活塞式制冷机一般仍采用一次节流循环较多,其原因是在于:

1) 一次节流可依靠高压制冷剂液体本身的压力供液到较远的用冷场所,适用于大型制冷装置。

2) 高压制冷剂液体不与中间冷却器中的制冷剂相接触,可减少润滑油进入蒸发器的机会,从而提高换热设备的换热效果。

3) 由于蒸发器与中间冷却分别供液,便于操作,有利于制冷系统的安全运行。

第三节 两级蒸气压缩式制冷循环的热力计算

制冷循环的热力分析计算是制冷机设计计算和制冷系统设计计算的基础。与单级压缩制冷循环一样,两级压缩制冷循环热力分析计算的一般步骤包括:制冷剂和循环形式的确定;循环工作参数的确定;循环热力性能的计算分析。

下面以一次节流循环来说明两级压缩制冷循环的热力分析计算方法。

一、制冷剂与循环形式的选择

两级压缩制冷循环通常应使用中温制冷剂。这是因为受到来自两方面的限制,一方面是在低温下制冷系统中蒸发压力 p_0 不能太低,另一方面是在常温下制冷剂应能液化且冷凝压力 p_k 又不允许过高。目前在大中型制冷装置中,R717、R22 和 R502 等被广泛使用,根据制冷剂的热力性质,R717 常采用一次节流中间完全冷却形式,R22、R502 常采用一次节流中间不完全冷却形式。

中间冷却的方法与选用的制冷剂的种类密切相关。对采用回热循环有利的 R12、R502 等制冷剂，就采用中间不完全冷却的循环形式；对采用回热循环形式不利的制冷剂(如氨)，则应采用中间完全冷却的循环形式。

二、循环工作参数的确定

两级压缩制冷循环的工作参数中，冷凝温度 t_k、蒸发温度 t_0 以及低压级吸气温度的确定与单级实际制冷循环相同，故不赘述。

两级压缩制冷机中间压力 p_m (或中间温度 t_m)如何确定，是它的特有问题。中间压力 p_m 选择是否恰当，不仅影响到循环的经济性，而且与压缩机的安全运行直接有关。

确定中间压力 p_m 时，要区分两种情况：一种是从循环的计算出发来确定中间压力 p_m 的数值；另一种是已经选配好压缩机，需通过计算去确定中间压力 p_m。

对于第一种情况，中间压力 p_m 的选择，可以根据制冷系数最大这一原则去选取，这一中间压力 p_m 又称最佳中间压力 p_m。确定最佳中间压力 p_m 的具体步骤是：

1) 根据确定的蒸发压力 p_0 和冷凝压力 p_k，按 $p_m = \sqrt{p_0 p_k}$ 先求得一个近似值；

2) 在 $p_m(t_m)$ 值的上下，按一定间隔选取若干个中间温度 t_m 值；

3) 对每一个 t_m 值进行循环的热力计算，求得该循环的制冷系数 ε_0；

4) 绘制 $\varepsilon = f(t_m)$ 曲线，找到 ε_{0max} 值，由该点对应的中间温度 t_m，即为循环的最佳中间温度 t_m (中间压力 p_m)，如图 4-17 所示。

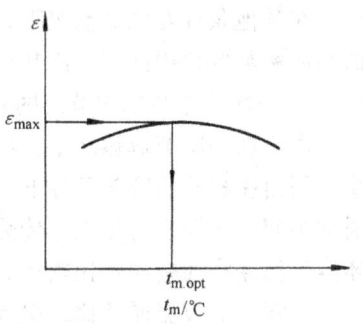

图 4-17 ε-t_m 图

上述方法确定最佳中间温度 t_m (中间压力 p_m)比较麻烦，最简明准确的方法可采用拉塞公式

$$t_m = 0.4 t_k + 0.6 t_0 + 3 \quad (4-22)$$

在 -40~40℃ 的温度范围内，上式对 R717、R40、R12 等都是适用的。也可通过拉塞图直接求得，如图 4-18 所示。

在循环参数确定之后，便可对循环进行热力计算，求所需要的理论输汽量 V_{hH} 和 V_{hL} 的数值。但在现有的压缩机系列产品中，很可能选不到 V_h 正好符合计算要求的压缩机，这时可选配容量与计算值相近的压缩机，虽然中间压力 p_m 会稍有变动，但对循环的制冷系数影响甚微。

对于第二种情况，由于压缩机已经选定，则高、低压压缩机的理论输气量之比值 ξ 为定值，即

$$\xi = \frac{V_{hH}}{V_{hL}} = \frac{G_H v_H}{\lambda_H} \cdot \frac{\lambda_L}{G_L v_L} = 定值 \quad (4-23)$$

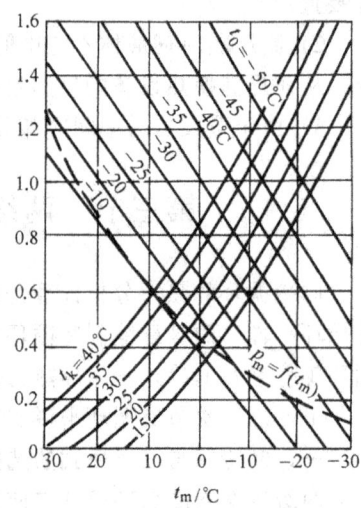

图 4-18 确定最佳中间温度 t_m 的线图(拉塞图)

根据式(4-23),用试凑法(或作图法)来确定中间压力 p_m。具体步骤是:

1) 按一定间隔选择若干个中间温度 t_m,按所选温度分别进行循环的热力计算,求出不同中间温度 t_m 下的理论输气量比值 ξ;

2) 绘制 $\xi = f(t_m)$ 曲线(如图4-19),并在图上画一条 ξ 等于给定值的水平线,此线与曲线的交点即为所求的中间温度 t_m(中间压力 p_m)。

用这种方法确定的中间压力 p_m,一般不是最佳中间压力 p_m。选配压缩机时,高压压缩机和低压压缩机可以由同一台压缩机来承担,即所谓单机双级压缩机,也可分别由二台压缩机来承担。一台或多台压缩机组成的双级压缩制冷系统,它们的理论输气量之比一般在 1/2～1/3 之间。如果采用单机双级压缩机,它们的容积比一般为 1:3。

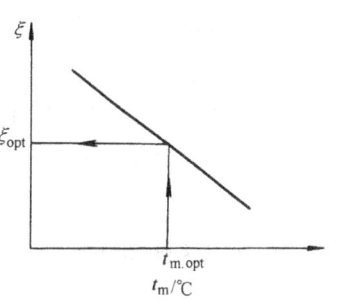

图4-19 ξ-t_m 图

除了以上求解最佳中间温度 t_m 的方法以外,还可以采用经验线图法求解。根据我国冷藏库中常见的氨两级压缩制冷系统,原商业部设计院推荐图4-20经验线图,根据冷凝温度 t_k、蒸发温度 t_0 和高低压级输气量比 $\xi = V_{hH}/V_{hL}$ 来确定中间温度 t_m。

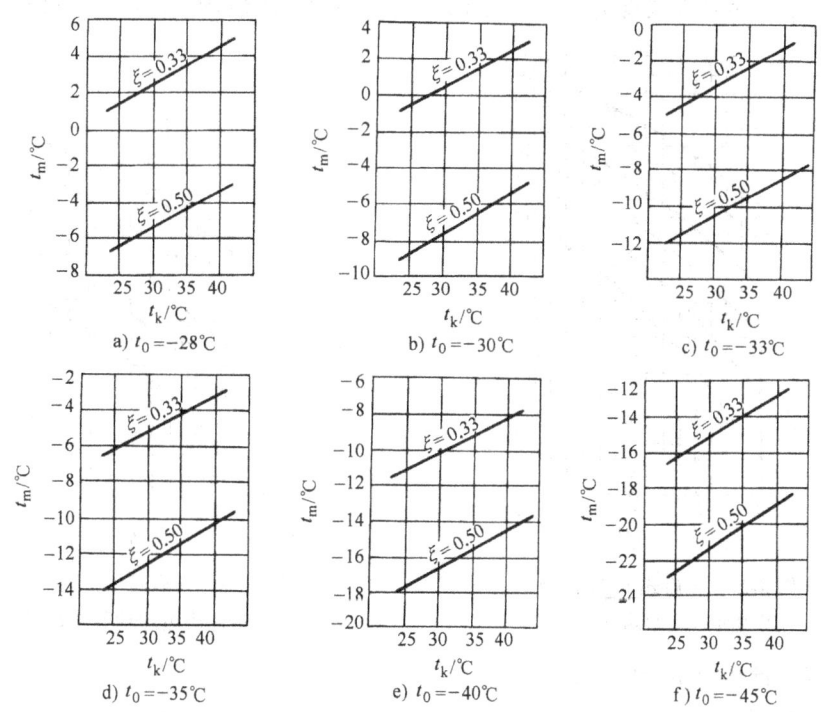

图4-20 氨两级压缩制冷循环中间温度 t_m 确定线图

t_k—冷凝温度 t_0—蒸发温度 t_m—中间温度

另外需指出的是在实际两级压缩制冷循环的热力计算中,可通过多种方法来求中间温度 t_m 并应相互验证。

三、制冷循环状态点及状态参数的确定

由所求得的工作参数画出循环的状态图,求出各状态点的有关参数。

四、制冷循环热力性能计算与分析

热力循环计算的任务,主要是计算出循环制冷量、制冷压缩机的输气量和耗功率、制冷系数、能效比以及各个热交换器的热负荷等。在各项计算中,要分清高、低压级循环量(G_H、G_L)以及高、低压级输气系数($\lambda_H \lambda_L$)、指示效率($\eta_{iH} \eta_{iL}$)、机械效率($\eta_{mH} \eta_{iL}$)、绝热效率($\eta_{eH} \eta_{eL}$)等。它们主要有:

(一)高、低压级输气量

低压级实际输气量

$$V_{SL} = V_{hL}\lambda_L \tag{4-24}$$

高压级实际输气量

$$V_{SH} = V_{hH}\lambda_H \tag{4-25}$$

式中　V_{SH}、V_{SL}——高、低压级实际输气量(m³/h);

　　　V_{hH}、V_{hL}——高、低压级理论输气量(m³/h);

　　　λ_L、λ_H——高、低压级输气系数。

对于系列制冷压缩机的低压级输气系数 λ_L,查图 4-21、图 4-22;高压级输气系数 λ_H,由中间温度 t_m 代替蒸发温度 t_0,查单级压缩机输气系数 λ 图(图 3-3、图 3-4 和图 3-5)。

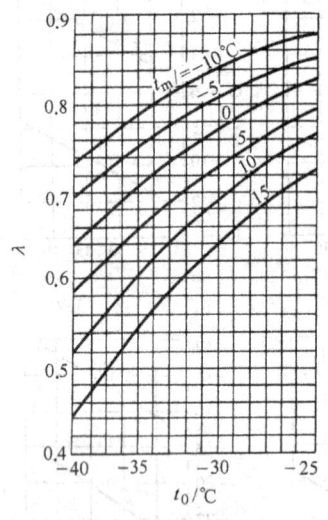

图 4-21　开启式 R717 两级压缩低压级的输气系数

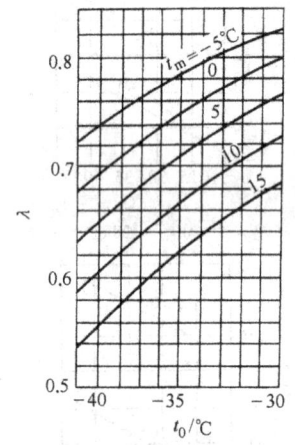

图 4-22　开启式 R22 两级压缩低压级的输气系数

(二)高、低压级制冷压缩机功率

低压级指示功率

$$N_{iL} = \frac{N_{0L}}{\eta_{iL}} \tag{4-26}$$

低压级摩擦功率

$$N_{mL} = \frac{V_{hL} p_{mf}}{3600} \tag{4-27}$$

低压级轴功率

$$N_{sL} = \frac{N_{iL}}{\eta_{mL}} = \frac{N_{0L}}{\eta_{iL}\eta_{mL}} = \frac{N_{0L}}{\eta_{eL}} \qquad (4\text{-}28)$$

或

$$N_{SL} = N_{iL} + N_{mL}$$

高压级指示功率

$$N_{iH} = \frac{N_{0H}}{\eta_{iH}} \qquad (4\text{-}29)$$

高压级摩擦功率

$$N_{mH} = \frac{V_{hH} p_{mf}}{3600} \qquad (4\text{-}30)$$

高压级轴功率

$$N_{sH} = \frac{N_{iH}}{\eta_{mH}} = \frac{N_{0H}}{\eta_{iH}\eta_{mH}} = \frac{N_{0H}}{\eta_{eH}} \qquad (4\text{-}31)$$

或

$$N_{sH} = N_{iH} + N_{mH}$$

式中 N_{0H}、N_{0L}——高、低压级理论功率（kW）；

N_{iH}、N_{iL}——高、低压级理论功率（kW）；

N_{mH}、N_{mL}——高、低压级理论功率（kW）；

N_{sH}、N_{sL}——高、低压级理论功率（kW）；

η_{iH}、η_{iL}——高、低压级指示效率；

η_{mH}、η_{mL}——高、低压级机械效率；

η_{eH}、η_{eL}——高、低级绝热效率。

（三）制冷量

$$Q_0 = G_L q_0 = \frac{V_{hL} \lambda_L q_v}{3600} \qquad (4\text{-}32)$$

（四）冷凝器负荷、中间冷却器盘管负荷、回热器负荷

冷凝器负荷

$$Q_k = G_H q_k \qquad (4\text{-}33)$$

中间冷却器盘管负荷

$$Q_m = G_L q_m \qquad (4\text{-}34)$$

回热器负荷

$$Q_R = G_L q_R \qquad (4\text{-}35)$$

（五）制冷系数、能效比

制冷系数

$$\varepsilon = \frac{Q_0}{N_{SL} + N_{SH}} \qquad (4\text{-}36)$$

能效比

$$k_e = \frac{Q_0}{N_{SL} + N_{SH}} \qquad (4\text{-}37)$$

例 4-1 某冷库在扩建中需要增加一套两级压缩制冷系统，其工作条件如下：制冷量 $Q_0 = 151\text{kW}$，制冷剂为 NH_3，冷凝温度 $t_k = 40℃$，无过冷，蒸发温度 $t_0 = -40℃$，管路有害

过热 $\Delta t = 5℃$。

试进行热力计算。

解 因制冷剂为氨,故选用一次节流中间完全冷却循环,其压焓图如图 4-23 所示。根据给定条件可确定下列参数: $p_k = 1.55\text{MPa}$; $p_0 = 0.0716\text{MPa}$; $h_5 = 390.25\text{kJ/kg}$; $h_1 = 1405.89\text{kJ/kg}$; $h_{1'} = 1418\text{kJ/kg}$; $v_{1'} = 1.58\text{m}^3/\text{kg}$。

首先确定中间温度 t_m 及中间压力 p_m。该循环的制冷系数可表示为

$$\varepsilon_0 = \frac{h_1 - h_7}{(h_2 - h_1) + \dfrac{h_2 - h_7}{h_3 - h_5}(h_4 - h_3)}$$

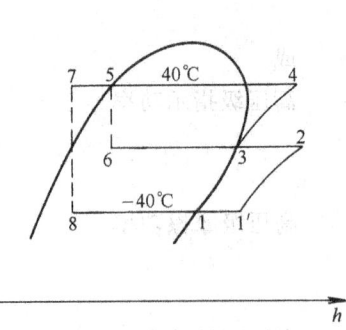

图 4-23 例 4-1 用图

假定中间压力 $p_m = \sqrt{p_k p_0} = \sqrt{1.557 \times 0.0716} = 0.334\text{MPa}$,对应的中间温度 $t_m = -6.5℃$,在 $-6.5℃$ 上下取若干个数值,例如取 $-2℃$、$-4℃$、$-6℃$、$-8℃$、$-10℃$ 进行计算,在计算中取中间冷却器盘管的氨液出口处端部温差 $\Delta t = 3℃$。现将计算结果列于下表。

$t_m/℃$	p_m/MPa	$H_3/(\text{kJ/kg})$	$H_7/(\text{kJ/kg})$	$H_2/(\text{kJ/kg})$	$H_4/(\text{kJ/kg})$	ε_0
-2	0.3989	1459.9	204.75	1656.6	1658.7	2.363
-4	0.3694	1457.4	195.25	1644.1	1667.1	2.370
-6	0.3416	1455.3	185.76	1631.5	1677.6	2.365
-8	0.3156	1452.8	176.29	1619.0	1688.0	2.360
-10	0.2911	1450.3	166.85	1606.4	1698.5	2.350

从表中的数值可知,最佳温度在 $-4 \sim -6℃$ 之间。按图 4-18(拉塞图)可查出最佳中间温度 t_m 为 $-5.5℃$,两者几乎一致,说明按图 4-18 得到的结果是令人满意的。我们取中间温度 $t_m = -5℃$,相应的中间压力为 $p_m = 0.3553\text{MPa}$,这样,相应各点参数为: $h_3 = 1452.54\text{kJ/kg}$; $h_7 = 190.54\text{kJ/kg}$; $h_2 = 1637.8\text{kJ/kg}$; $h_4 = 1668.9\text{kJ/kg}$; $v_3 = 0.345\text{m}^3/\text{kg}$。

高压级及低压级的压力比分别为

$$\frac{p_k}{p_m} = \frac{1.557}{0.3553} = 4.38 \quad \frac{p_m}{p_0} = \frac{0.3553}{0.0716} = 4.96$$

单位制冷量

$$q_0 = h_1 - h_7 = (1405.89 - 190.54)\text{kJ/kg} = 1215.4\text{kJ/kg}$$

低压压缩机流量

$$G_L = \frac{Q_0}{q_0} = \frac{151}{1215.4}\text{kg/s} = 0.1243\text{kg/s}$$

低压压缩机理论输气量

$$V_{hL} = \frac{G_L v_1}{\lambda_L} = \frac{0.1243 \times 1.58}{0.65}\text{m}^3/\text{s} = 0.303\text{m}^3/\text{s} \quad (取 \lambda_L = 0.65)$$

低压压缩机理论功率

$$N_{0L} = G_L(h_2 - h_{1'}) = 0.1243 \times (1637.8 - 1418)\text{kW} = 27.3\text{kW}$$

低压压缩机轴功率

$$N_{sL} = \frac{N_{0L}}{\eta_{eL}} = \frac{27.3}{0.67}\text{kW} = 40.8\text{kW} \quad (\text{取 } \eta_{eL} = 0.67)$$

低压压缩机实际排气比焓值

$$h_{2s} = h_1 + \frac{h_2 - h_1}{\eta_{iL}} = \left(1418 + \frac{1637.8 - 1418}{0.83}\right)\text{kJ/kg} = 1682.6\text{kJ/kg} \quad (\text{取 } \eta_{iL} = 0.83)$$

高压压缩机流量

$$G_H = G_L \frac{h_{2s} - h_7}{h_3 - h_5} = 0.1243 \times \frac{1682.6 - 190.5}{1452.54 - 390.25}\text{kg/s} = 0.174\text{kg/s}$$

高压压缩机理论输气量

$$V_{hH} = \frac{G_H v_3}{\lambda_H} = \frac{0.174 \times 0.345}{0.73}\text{m}^3/\text{s} = 0.083\text{m}^3/\text{s} \quad (\text{取 } \lambda_{eH} = 0.73)$$

高压压缩理论功率

$$N_{0H} = G_H(h_4 - h_3) = 0.174 \times (1668.9 - 1452.54)\text{kW} = 37.6\text{kW}$$

高压压缩机轴功率

$$N_{eH} = \frac{N_{0H}}{\eta_{eH}} = \frac{37.6}{0.70}\text{kW} = 53.8\text{kW} \quad (\text{取 } \eta_{eH} = 0.70)$$

高压压缩机实际排气比焓值

$$h_{4s} = h_3 + \frac{h_4 - h_3}{\eta_H} = \left(1452.54 + \frac{1668.9 - 1452.54}{0.85}\right)\text{kJ/kg} = 1711.0\text{kJ/kg} \quad (\text{取 } \eta_{iH} = 0.85)$$

理论制冷系数

$$\varepsilon_0 = \frac{h_1 - h_7}{(h_2 - h_{1'}) + \frac{h_2 - h_7}{h_3 - h_5}(h_4 - h_3)} = \frac{1405.89 - 190.5}{(1637.8 - 1418) + \frac{1637.8 - 190.5}{1452.54 - 390.25}} = 2.365$$

理论输气量之比

$$\xi = \frac{V_{hH}}{V_{hL}} = \frac{0.083}{0.303} = 0.274$$

冷凝器负荷

$$Q_k = G_H(h_{2s} - h_5) = 0.174 \times (1682.6 - 390.25)\text{kW} = 230\text{kW}$$

根据热力计算结果，就可进行相应的压缩机选配。

例 4-2 将410F(4F10)型压缩机改制成两级压缩（即单机双级型），其中三个缸作为低压级，一个缸作为高压级，采用 R22 作为制冷剂。

求 该压缩机在 $t_k = 30\text{℃}$、$t_0 = -70\text{℃}$ 时的制冷量是多少？

解 410F型压缩机的结构参数是：缸径 $D = 100\text{mm}$，行程 $S = 70\text{mm}$，转速 $n = 960\text{r/min}$，缸数 $Z = 4$。

低压级理论输气量

$$V_{hL} = \frac{\pi}{4}D^2SnZ/60 = \frac{\pi}{4} \times 0.1^2 \times 0.07 \times 960 \times 3600 \times 3/60\text{m}^3/\text{h} = 95.1\text{m}^3/\text{h}$$

高压级理论输气量

$$V_{hH} = \frac{\pi}{4}D^2SnZ/60 = \frac{\pi}{4} \times 0.1^2 \times 0.07 \times 960 \times 3600 \times 1/60\text{m}^3/\text{h} = 31.7\text{m}^3/\text{h}$$

高、低压级输气量之比

$$\xi = \frac{V_{SH}}{V_{SL}} = \frac{31.7}{95.1} = 0.334$$

采用具有回热器的一次节流中间不完全冷却循环,其压焓图示于图 4-24。图中 1—1' 及 8—8' 是回热器中的热交换过程,其热平衡式是

$$h_{1'} - h_1 = h_8 - h_{8'}$$

计算时只要选定 $t_{1'}$ 或 Δt_2 ($t_s - t_{1'}$),即可根据上述热平衡式确定点 8 的状态。在本例中,选取 Δt_1 ($t_8 - t_7$) = 3℃,$\Delta t_2 = 8℃$。

根据已知条件可以确定下列状态参数:$p_k = 1.192\text{MPa}$;$p_0 = 0.02048\text{MPa}$;$h_1 = 374.232\text{kJ/kg}$;$h_6 = 236.664\text{kJ/kg}$。依据 $\xi = 0.334$,先确定循环的中间温度 t_m。

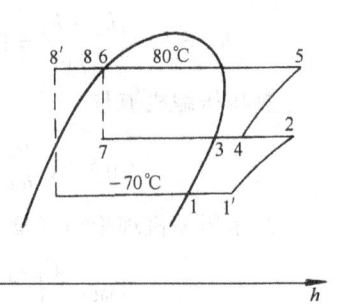

图 4-24 例 4-2 用图(1)

现列表计算如下。

项 目	来源或计算公式	计 算 结 果			
t_m/℃	选定	-32	-34	-36	-38
p_m/MPa	查表	0.1501	0.1376	0.1259	0.1151
t_s/℃	$t_m + \Delta t_1$	-29	-31	-33	-35
h_8/(kJ/kg)	查表	167.23	165.05	162.89	160.74
$t_{1'}$/℃	$t_8 - \Delta t_2$	-37	-39	-41	-43
$v_{1'}$/(m³/kg)	查图	1.10	1.09	1.08	1.07
$h_{1'}$/(kJ/kg)	查图	391.15	389.85	388.65	387.35
h_3/(kJ/kg)	查表	392.70	391.35	390.44	398.53
h_2/(kJ/kg)	查图	444.75	440.55	436.35	432.55
G_H/G_L	$(h_3 - h_8)/(h_3 - h_6)$	1.47	1.488	1.506	1.522
h_4/(kJ/kg)	$h_3 + \dfrac{h_3 - h_6}{h_3 - h_8}(h_2 - h_3)$	427.95	424.65	421.25	417.95
v_4/(m³/kg)	查图	0.182	0.196	0.212	0.23
λ_L	选取	0.52	0.54	0.56	0.59
λ_H	选取	0.56	0.52	0.52	0.49
ξ	$\dfrac{G_H}{G_L} \times \dfrac{v_4}{v_1} \times \dfrac{\lambda_L}{\lambda_H}$	0.266	0.280	0.318	0.394

将计算结果绘成 $\xi = f(t_m)$ 曲线,如图 4-25 所示。它与 $\xi = 0.334$ 的交点即为所求的中间温度 t_m,其数值 $t_m = -36.5℃$;此时循环的工作参数为 $p_m = 0.12a\text{MPa}$;$t_8 = -33.5℃$;$h_8 = 162.36\text{kJ/kg}$;$h_{1'} = 388.25\text{kJ/kg}$;$v_{1'} = 1.078\text{m}^3/\text{kg}$;$h_{8'} = 148.34\text{kJ/kg}$。从而可算出 G_L、Q_0 及回热器负荷 Q_{0R}。

$$G_L = \frac{\lambda_L V_{hL}}{v_{1'}} = \frac{0.513 \times 95.1}{1.077}\text{kg/s} = 0.0139\text{kg/s}$$

$$Q_0 = G_L(h_1 - h_{8'}) = 0.0139 \times (374.232 - 148.34)\text{kW} = 3.14\text{kW}$$

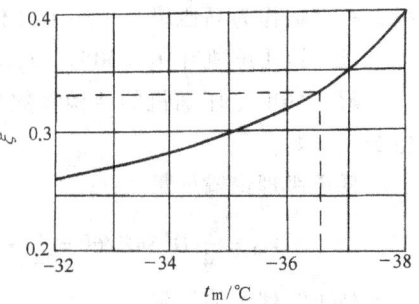

图 4-25 例 4-2 用图(2)

$$Q_k = G_L(h_8 - h_{8'}) = 0.0139 \times (162.36 - 148.34) \text{kW} = 0.20 \text{kW}$$

第四节 三级蒸气压缩式制冷循环

制冷剂的冷凝压力 p_k 是由环境介质(如空气或水)温度所决定。在一定的冷凝温度 t_k 下,随着蒸发温度 t_0 的降低,冷凝压力 p_k 和蒸发压力 p_0 之差($p_k - p_0$)增大,因而使压缩比 p_k/p_0 变大。当蒸发温度 t_0 过低时,如继续采用双级压缩,会带来如下问题:

(1) 每级压缩比增大,压缩机的输气系数 λ 大为降低,压缩机的输气量及效率显著下降。

(2) 每级压缩机排气温度过高,使润滑油的粘度急剧下降,影响压缩机的润滑。当排气温度与润滑油的闪点接近,会使润滑油碳化,以至在阀片上产生结碳现象。

(3) 制冷剂节流损失增加,单位质量制冷量及单位容积制冷量下降过大,经济性下降。

为了获得比较低的温度(-40~-70℃),同时又能使每级压缩机的工作压力控制在一个合适的范围内,就要采用多级压缩循环。从理论上讲,只要制冷剂的凝固温度足够低,随着级数的增加,能达到的蒸发温度 t_0 就更低。但是,当蒸发温度 t_0 很低时,蒸发压力 p_0 也相应很低。当蒸发压力 p_0 低于大气压时,一方面使空气渗漏入制冷系统内的可能性增加,不利于制冷机的正常工作;另一方面由于输气系数降低及蒸气比容积增大,使压缩机气缸尺寸增大,运行经济性降低。对于活塞式压缩机,因阀门自动启闭的特性,当吸气压力降低到 16kPa 以下时,压缩机已难以正常工作。因此,中温制冷剂的多级压缩制冷机的蒸发温度 t_0 也不可能很低。例如,对于 R134a 及 R22 等,当 $t_0 = -80$℃时,蒸发压力 p_0 已在 10kPa 以下,而氨在 -77.7℃时已经凝固。在应用中温制冷剂时,三级压缩制冷循环的蒸发温度 t_0,与两级压缩循环相差不大。所以,现代制冷机中,三级压缩循环应用很少,目前多应用于制造干冰的高压系统和某些品牌的离心式冷水机组中。本节简单介绍三次节流中间完全冷却三级压缩制冷循环和三次节流中间不完全冷却三级压缩制冷循环的工作原理。

一、三次节流中间完全冷却三级压缩制冷循环

三次节流中间完全冷却三级压缩制冷循环原理图和压焓图及温熵图如图 4-26 所示。在循环中:

1—1′ 为吸气过热过程,1′ 为低压级吸气状态。

1′—2′ 为低压级压缩过程,循环量为 G_L 的制冷剂蒸发压力 p_0 压缩至中间压力 p_{m1}。

2′—3 为低压级压缩后的制冷剂蒸气在中间冷却器Ⅱ中完全冷却。

3—4′ 为中压级压缩过程,循环量为 G_m 的制冷剂蒸气由中间压力 p_m 压缩至中间压力 p_{m1}。

4′—5 为中压级压缩后的制冷剂蒸气在中间冷却器Ⅰ中完全冷却。

5—6′ 为高压级压缩过程,循环量为 G_H 的制冷剂蒸气由中间压力 p_{m1} 压缩至冷凝压力 p_k。

6′—7 是制冷剂蒸气在冷凝器中冷却冷凝过程,并向高温热源放热 Q_k。

7—8 是高压制冷剂液体第一次节流,由冷凝压力 p_k 节流至中间压力 p_{m1},并进入中间冷却器Ⅰ完全冷却中压级排气,汽体随完全冷却后的中压级排气进入高压级循环。

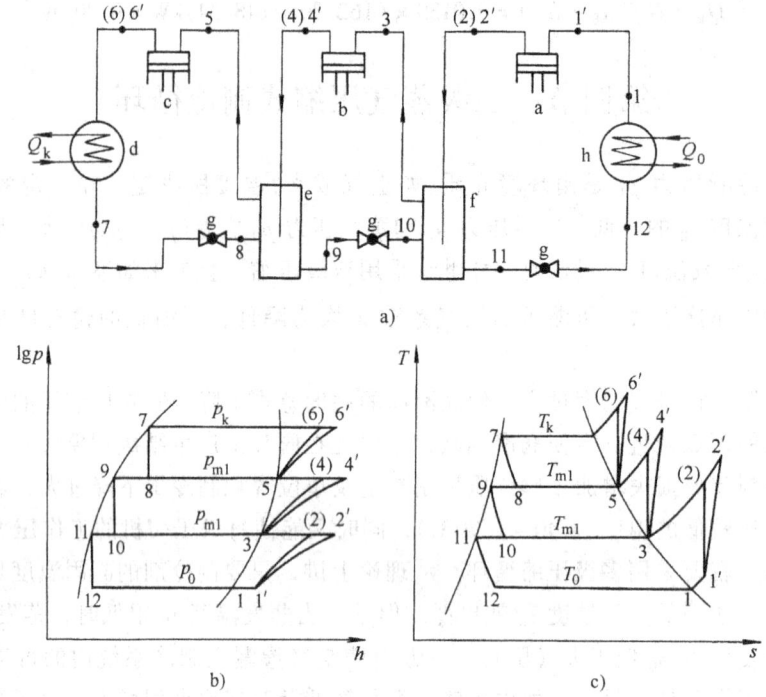

图 4-26 三次节流中间完全冷却三级压缩制冷循环
a) 原理图　b) lg$p$-h 图　c) T-S 图
a—高压级　b—中压级　c—低压级　d—冷凝器　e—中间冷却器Ⅰ
f—中间冷却器Ⅱ　g—节流阀　h—蒸发器

9—10 是来自中间冷却器Ⅰ的制冷剂液体经第二次节流，由中间压力 p_{m1} 节流至中间压力 p_{m1}，并进入中间冷却器Ⅱ完全冷却低压级排气。气体随完全冷却后的低压级排气进入中压级循环。

11—12 是来自中间冷却器Ⅱ的制冷剂液体经第三次节流，由中间压力 p_{m1} 节流至蒸发压力 p_0，并进入蒸发器。

12—1 是蒸发压力 p_0 的低压制冷剂在蒸发器内气化吸热过程，从低温热源吸热 Q_0。

二、三次节流中间不完全冷却三级压缩制冷循环

三次节流中间不完全冷却三级压缩制冷循环常应用于离心式制冷系统(图 4-27)。

1—1′为吸气过程中的压力降低和蒸气过热过程，1′为第Ⅰ级叶轮吸气状态。

1′—2′为制冷剂蒸气经离心机第Ⅰ级叶轮由吸气压力 p_1 压缩至中间压力 p_{m1}。

2′—3′为第Ⅰ级排气的中间不完全冷却过程，在这个过程中，第Ⅰ级排气与来自中间冷却器Ⅱ的第Ⅱ级补气混合，并冷却第Ⅰ级排气。

3′—4′为制冷剂蒸气经离心机第Ⅱ级叶轮由中间压力 p_{m1}。

4′—5′为第Ⅱ级排气的中间不完全冷却过程，在这个过程中，第Ⅱ级排气与来自中间冷却器Ⅰ的第Ⅱ级补气混合，使第Ⅱ级排气冷却。

5′—6′为制冷剂蒸气经第Ⅲ级叶轮由中间压力 p_{m1} 压缩至冷凝压力 p_k。

6′—7 是制冷剂蒸气在冷凝器中冷却冷凝过程，向高温热源放出热量 Q_k。

7—8 是制冷剂的第一次节流，制冷剂液体压力由 p_k 节流至 p_{m1}，并冷却第Ⅱ级压缩排气。

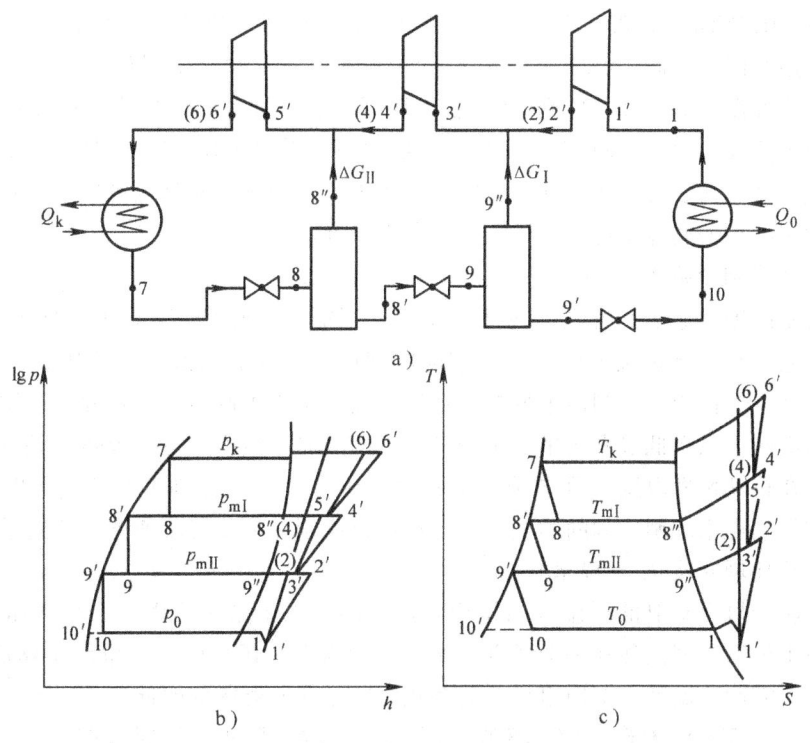

图 4-27 三次节流中间不完全冷却三级压缩制冷循环
a) 原理图 b) lg$p$-h 图 c) T-S 图

随不完全中间冷却后的第Ⅱ级排气一起进入第Ⅲ级压缩循环的气体量称之为第Ⅲ级补气量。

8'—9 是来自中间冷却器Ⅰ的制冷剂液体经第二次节流,由中间压力 p_{mI} 节流至中间压力 p_{mI},并冷却第Ⅰ级压缩排气。随不完全中间冷却后的第Ⅰ级排气一起进入第Ⅱ级压缩循环的气体量称之为第Ⅱ级补气量。

9'—10 是来自中间冷却器Ⅱ的制冷剂液体经第Ⅲ次节流,由中间压力 p_{mI} 节流至蒸发压力 p_0 过程,第三次节流后的制冷剂湿饱和蒸气供入蒸发器。

10'—1 是蒸发压力 p_0 的低压制冷剂在蒸发器内气化吸热过程,从低温热源吸热 Q_0。

第五节 复叠式制冷循环

一、采用复叠式制冷循环的原因

随着科研和生产对低温制冷的要求越来越高,如需要 -70 ~ -120℃ 的低温箱、低温冷库等。由于采用中温制冷的双级压缩制冷装置所能得到的最低点蒸发温度 t_0,也受到蒸发压力 p_0 过低带来的一系列限制,如 R12、R22 在 -80℃ 时,蒸发压力 p_0 已低于 0.01MPa,而氨在 -77.70℃ 时,已经凝固了。

蒸发压力 p_0 过低会带来下列问题:

(1) 蒸发器与外界的压差增大,空气渗入系统的可能性增加,影响系统的正常工作。

(2) 吸气比体积大,实际吸入气缸的气体减少,增加了气缸的尺寸。

(3) 对于活塞式压缩机,因为压缩机的吸排气是靠阀门自动启闭来完成的,当吸气压力低于 0.01~0.015MPa 时，难于克服吸气阀弹簧力，影响压缩机的正常工作。

由于上述原因，当需要的蒸发温度 t_0 低于 -70℃ 时，就要采用低温制冷剂。它在常压下有较低的蒸发温度 t_0，如 R23 和 R503 在常压下的蒸发温度 t_0 分别为 -82.1℃ 和 -88.7℃，因此使低温下蒸发压力 p_0 得到提高。但是，低温制冷剂的冷凝温度 t_k 要求较低，用一般的水冷和空气冷却已无法凝结成液体，必须用一种人工冷源来冷凝低温制冷剂，从而出现了同时采用两种制冷剂的制冷系统，称为复叠式制冷循环。

二、复叠式制冷循环

复叠式制冷循环通常是由两个（或数个）采用不同制冷剂的单级（也可以是多级）制冷系统组合而成。通常在高温系统里使用沸点较高的制冷剂，在低温系统里使用沸点较低的制冷剂，各自成为一个使用单一制冷剂的制冷系统。高温系统中制冷剂的蒸发，是用来冷凝低温系统中的制冷剂。只有低温系统中的制冷剂，在蒸发时向被冷却对象吸热（制取冷量），因而它既能满足在较低蒸发温度 t_0 下具有合适的蒸发压力 p_0，又能满足在环境温度下适中的冷凝器里，依靠高温系统制冷剂的蒸发，将低温系统的制冷剂冷凝成液体，高温系统中制冷剂再将热量传给环境介质（空气或水）。

复叠式制冷机可制取的低温范围是相当广泛的。至于是采用由两个单级压缩循环的组合，或由一个单级压缩循环和一个两级压缩循环的组合，还是由三个单级压缩循环的组合，主要取决于所需制冷温度。不同组合的复叠式制冷循环所能制取的低温见表 4-1。

表 4-1 复叠式制冷循环的组合型式与制冷温度和制冷剂种类的关系

最低蒸发温度 t_0/℃	制冷剂	制冷循环型式
-80	R22-R23	R22 单级或两级压缩，R23 单级压缩组合的复叠式循环
	R507-R23	R507 单级或两级压缩，R23 单级压缩组合的复叠式循环
	R290-R23	R290 两级压缩，R23 单级压缩组合的复叠式循环
-100	R22-R23	R22 两级压缩，R23 单级或两级压缩组合的复叠式循环
	R507-R23	R507 两级压缩，R23 单级或两级压缩组合的复叠式循环
	R22-R1150	R22 两级压缩，R1150 单级压缩组合的复叠式循环
	R507-R1150	R507 两级压缩，R1150 单级压缩组合的复叠式循环
-120	R22-R1150	R22 两级压缩，R1150 单级或两级压缩组合的复叠式循环
	R507-R1150	R507 两级压缩，R1150 单级或两级压缩组合的复叠式循环
	R22-R23-R50	R22 单级压缩，R23 单级压缩，R50 单级压缩组合的复叠式循环
	R507-R23-R50	R507 单级压缩，R23 单级压缩，R50 单级压缩组合的复叠式循环

1. 两个单级压缩循环组成的复叠式制冷循环

图 4-28 示出两个单级系统组成的复叠式制冷循环系统图及 T-S 图。低温系统中工作的制冷剂是 R23，高温系统中工作的制冷剂是 R22。高温系统由高温压缩机、冷凝器、节流阀和冷凝蒸发器组成。低温系统由低温压缩机、冷凝蒸发器、回热器、节流阀、蒸发器和膨胀容器组成。这种复叠式系统的最低蒸发温度 t_0 可达到 -90℃。在 T-S 图中可以看出循环的工作过程：低温部分（R23）循环由 1—1′—2—3—4—4′—5—1 组成；高温部分（R22）循环由 6—7—8—9—10—6 组成。由于 R22 的蒸发和 R23 的冷凝是在同一个冷凝蒸发器内完成，并

且在实际制冷系统中,这个设备和环境是隔热的,因此,R22 蒸发的吸热量应等于 R23 冷凝的放热量,且 R22 的蒸发温度 t_0 低于 R23 的冷凝温度 t_k,其温差为冷凝蒸发器的传热温差,通常为 5~8℃,在图中以 Δt 表示。

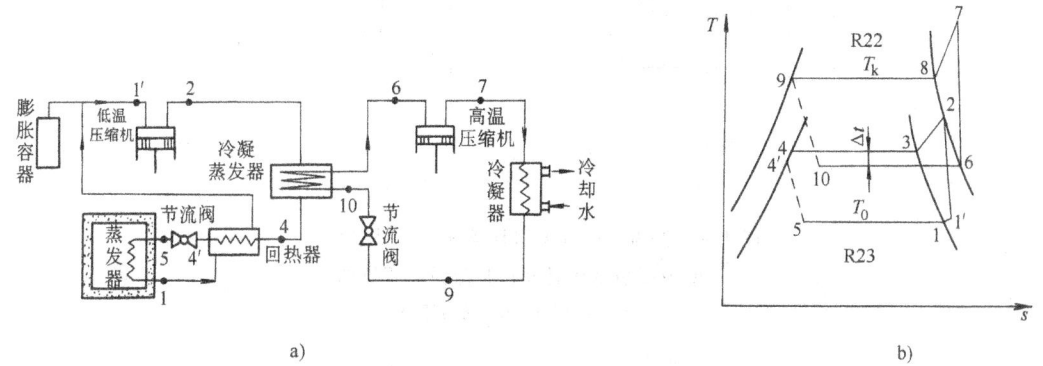

图 4-28 由两个单级系统组成的复叠式制冷机
a) 制冷循环系统 b) T-s 图

2. 一个两级压缩循环和一个单级压缩循环组成的复叠式制冷循环

这一循环的高温部分为一级节流、中间不完全冷却、节流前液体过冷、带回热的两级压缩循环,采用制冷剂 R22 或 R507;低温部分为带回热的单级压缩循环,采用制冷剂为 R23 或 R1150。最低蒸发温度 t_0 可达 -110℃。循环的系统原理图见图 4-29,压焓图见图 4-30。

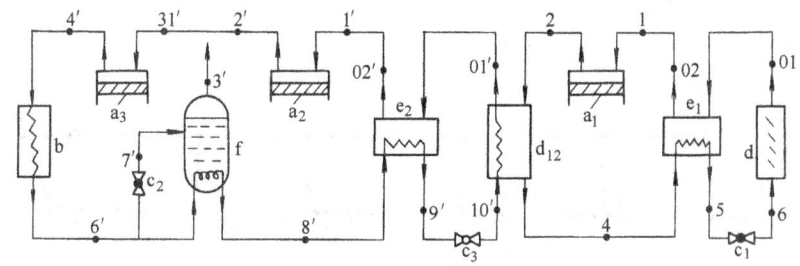

图 4-29 高温部分两级压缩循环、低温部分单级压缩
循环复叠式制冷循环系统原理图
a_1—低温部分压缩机 a_2—高温部分低压级压缩机 a_3—高温部分高压级压缩机
b—冷凝器 c_1、c_2、c_3—节流阀 d—蒸发器 d_{12}—冷凝蒸发器 e_1—低温部分气-液热交换器
e_2—高温部分气-液热交换器 f—高温部分中间冷却器

3. 三个单级压缩循环组成的复叠式制冷循环

这一循环由高、中、低温三部分组成,每个部分均为单级压缩循环。高温部分使用制冷剂 R22 或 R507,中温部分使用制冷剂 R23,低温部分使用 R50、R1150 或 R170。最低蒸发温度 t_0 可达 -120~140℃。循环的系统原理图和压焓图见图 4-31。

图 4-32 是采用复叠式制冷的某型低温箱复叠式制冷实际循环系统图,它分别由两台单级压缩机构成高温和低温制冷循环,高温部分采用 R22 制冷剂,低温部分采用 R23 制冷剂。在高温循环中,进入蒸发冷凝器的 R22 液体,吸收了低温循环中压缩机排出的 R23 蒸气的冷凝热量而气化,气化后被压缩机吸入并压缩,再排入油分离器分离润滑油,再进入水冷式

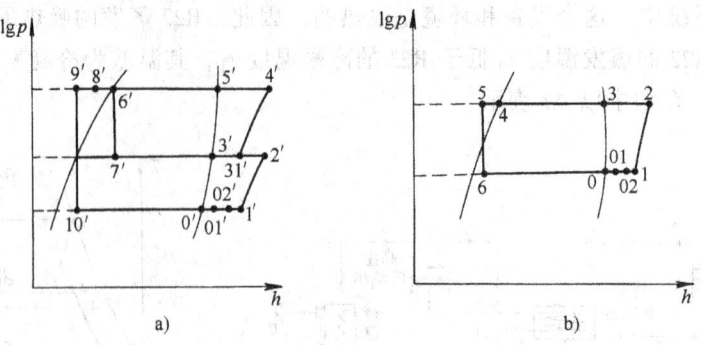

图 4-30 高温部分为两级压缩循环、低温部分为
单级压缩循环复叠式制冷循环压焓图
a) 高温部分　b) 低温部分

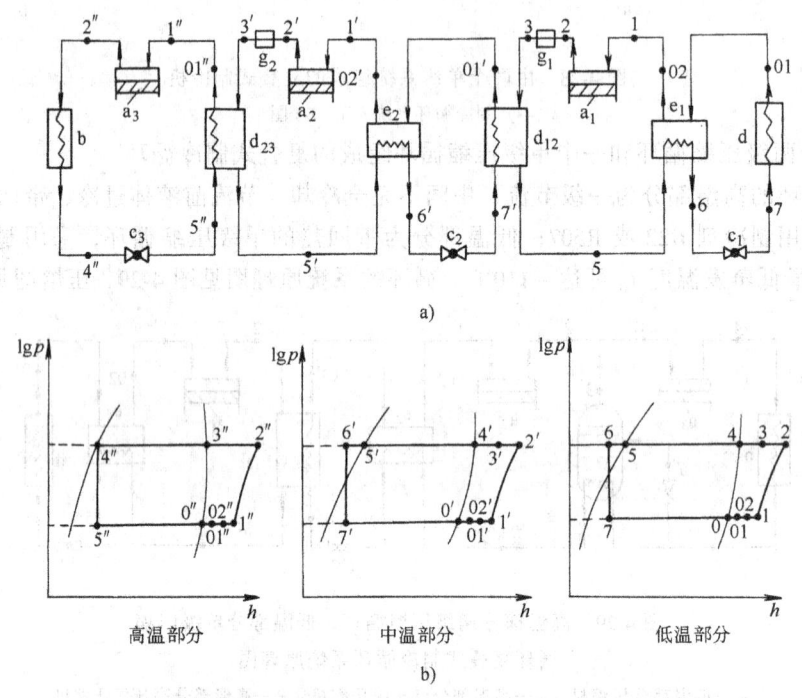

图 4-31 三个单级压缩循环复叠式制冷循环系统
a) 系统原理　b) lgp-h 图
a_1—低温部分压缩机　a_2—中温部分压缩机　a_3—高温部分压缩机
b—冷凝器　c_1、c_2、c_3—节流阀　d—蒸发器　d_{12}—中低温部分冷凝蒸发器　g_1—低温部分过热冷却器
g_2—中温部分过热冷却器　e_1—低温部分回热器　e_2—中温部分回热器　d_{23}—高、中温部分冷凝蒸发器

冷凝器冷凝成 R22 液体。从冷凝器出来的 R22 液体，经过干燥过滤器、电磁阀、热力膨胀阀后重新进入蒸发冷凝器气化蒸发，如此不断循环。在低温循环中，R23 液体在低温蒸发器内吸收了被冷却对象的热量后气化蒸发，气化的 R23 经回热器被加热后被压缩机吸入并压缩，然后进油分离器，分离后的 R23 蒸气进入蒸发冷凝器冷凝，放热后冷凝成 R23 液体，出来后再经过过滤器、回热器、电磁阀、热力膨胀阀重新进入蒸发器制冷，然后重复循环。

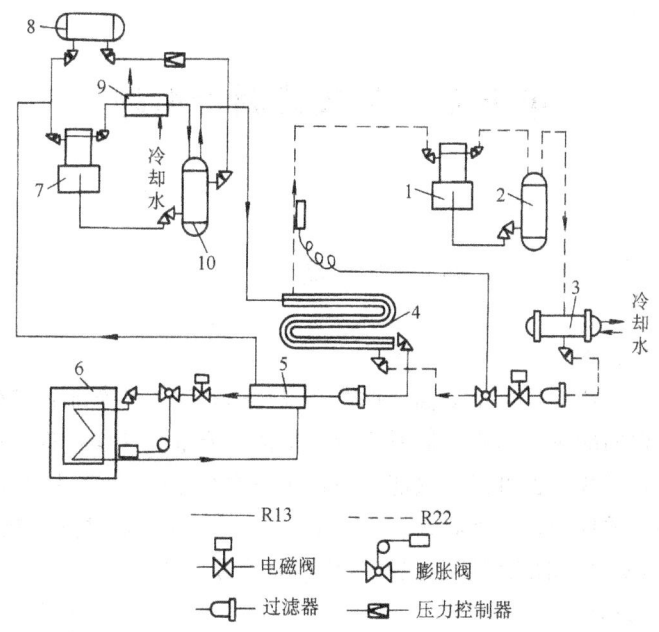

图 4-32 低温箱复叠式制冷实际循环系统
1—高温压缩机 2—油分离器 3—冷凝器 4—冷凝蒸发器 5—回热器
6—蒸发器 7—低温压缩机 8—膨胀容器 9—水冷却器 10—油分离器

在低温部分的压缩机排气管道上装了一只水冷却器,是为了降低蒸气的过热度,以减少蒸发冷凝器的热负荷。在制冷系统停机后,为了防止低温部分系统中的 R23 液体气化而导致系统压力过高,专门设置了一个膨胀容器。这是因为停机后,低沸点制冷剂 R23 的温度要逐步升高至环境温度,并全部气化为过热蒸气,压力会增加到大于安全值,这是不允许的。系统内有了膨胀容器后,过热蒸气有了额外的贮存容积,压力上升不致过高,保证了安全。另外,在系统重新启动时,膨胀容器可起到平衡部分压缩机的排出压力,避免 R23 的冷凝压力 p_k 过高。

复叠式制冷机在启动时,必须先启动高温级制冷系统,使蒸发冷凝器的温度降低到能够保证低温级制冷系统的冷凝压力 p_k 低于 1.57MPa 时才可以启动低温制冷系统。如果膨胀系统与排气系统也相连,并在连接管道上装有压力容器,则高、低温级可以同时启动。因为此时当低温级的排气压力一旦升高到限定值时,压力控制阀将自动开启,使排气管路与膨胀容器相通,压力降低。这种启动方式常被小型复叠式制冷机所采用,高低温级的压缩机用同一台电动机驱动。

第五章 吸收式制冷循环

第一节 概 述

一、吸收式制冷技术

根据热力学第二定律,热量由低温物体向高温物体转移是一个非自发的过程。实现这一过程,必须消耗一定的能量,即必须同时实现一个消耗能量的补偿过程。用作补偿过程的能量,可以是电能、机械能,也可以是热能。通常压缩式制冷机(活塞式、离心式、螺杆式等)是以消耗电能作为补偿过程的,而吸收式、蒸气喷射式制冷机,则以消耗热能作为补偿过程。图 5-1 和图 5-2 分别表示压缩式和吸收式制冷机的原理方框图。

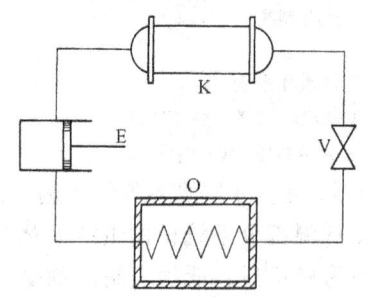
图 5-1 压缩式制冷机原理方框图

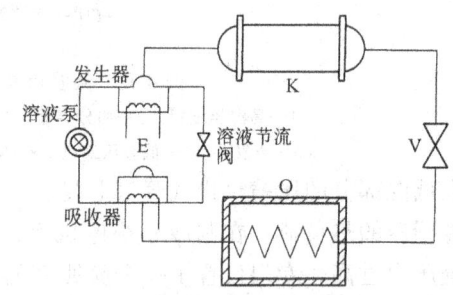
图 5-2 吸收式制冷机原理方框图

图中 O 为蒸发器,它的作用是吸取被冷却物的热量;K 为冷凝器,它将热量传给周围的环境介质;V 代表节流阀,因为冷凝器中的压力比蒸发器高,工质由冷凝器进入蒸发器时,需经节流阀节流,以降低压力。E 表示能量的补偿部分,是实现制冷过程的关键部分,对于压缩式制冷机,就是压缩机和带动它的原动机。

吸收式制冷机中,冷凝器、蒸发器、节流阀的作用与压缩式制冷机相同,只是能量补偿部分的设备改变了。吸收式制冷机中,能量补偿部分的设备包括发生器、吸收器、溶液节流阀和溶液泵。工质在发生器中被加热,分离出制冷剂蒸气,在冷凝器中凝结成液体,经节流后进入蒸发器吸热蒸发,进行制冷。制冷剂蒸气在吸收器中被来自发生器的另一部分工质——吸收剂所吸收,然后由溶液泵输送,重新进入发生器。如果在压缩式制冷机中把能量的补偿部分称为"机械式"压缩机的话,那么在吸收式制冷机中,能量的补偿部分就可称为"热化学"压缩机。因为它的制冷工质是利用溶液的热力性能来实现"化学"压缩的。

蒸气压缩式制冷一般采用单一制冷剂,如 R717、R22 等。吸收式制冷机则使用两种沸点相差较大的物质组成的二元溶液(工质对),其中低沸点组分为制冷剂,高沸点组分为吸收剂。

吸收式制冷机利用溶液在一定条件下能析出低沸点组分的蒸气,而在另一条件下又能吸收低沸点组分的蒸气这一特性,来完成制冷循环。目前,对吸收式制冷机中采用的吸收剂-

制冷剂工质对研究较多，但获得广泛应用的只有氨-水溶液和溴化锂-水溶液。前者多用于低温系统，后者用于空气调节系统。

二、溴化锂吸收式制冷技术的特点

溴化锂吸收式制冷机是一种以热能为动力，以水为制冷剂，以溴化锂溶液为吸收剂，用来制取高于 0℃ 的冷水（一般取 7℃ 至 13℃ 的冷水）的制冷设备。与其他类型的制冷机相比，它的显著优点是：

1) 以热能为动力，毋需耗用大量的电能，而且对热能的要求不高，能利用各种低势热源和废气、废热，如高于 20kPa（表压）的饱和蒸气，75℃ 以上的热水以及地下热、太阳能等，有利于热源的综合利用，因此运转费用低。若利用废气、废热来制冷，则几乎不需要花费什么运转费用就能获得大量的冷源，经济性高。

2) 整个制冷机组除功率小的屏蔽泵外，没有别的运动部件，振动、噪声小，运行安静，特别适用于医院、会堂、办公室、舰艇等场合。

3) 以溴化锂水溶液为工质，制冷机在真空状态下运行，无臭、无毒、无爆炸危险，安全可靠，被称为无公害的制冷装置，满足了环境保护的要求。

4) 冷量调节范围宽，负荷变化时性能稳定，可在 10%~100% 的范围内进行冷量的无级调节，而且调节时机组的热力系数几乎不下降，能很好地适应负荷变化的要求。

5) 结构简单，制造方便。机组中除屏蔽泵、真空泵和真空阀门等附属设备外，几乎都是一般的热交换设备，加工制造容易。

6) 对机组安装的要求低。因为运行时振动极小，故不需要特殊的机座。可安装在中间楼层或屋顶上，也可安装在室外。安装时只需要一般地校正水平，接上所需的汽、水管道和电源即可。

7) 操作简单，维护保养方便。机组中只要适当地配置一些自动控制元件，就可达到自动化操作的要求；机组的保养工作，主要在于维持所需的真空度。

溴化锂吸收式制冷机的主要缺点是：

1) 在有空气的情况下，溴化锂溶液对普通碳钢具有较强的腐蚀性。这不仅影响机组的寿命，而且直接地影响机组的性能和正常运行。

2) 制冷机在真空状态下运行，空气容易渗入。实践证明，即使渗入极微量的空气，也会严重地影响机组的工作性能。为此，整个制冷装置要求严格地密封，这就给机组的制造和安装增添了困难。

3) 由于以热能为动力，加之溴化锂溶液吸收冷剂蒸气是一放热过程，冷剂蒸气的冷凝和吸收过程都需要冷却，因此冷却负荷较大。

三、溴化锂溶液吸收式制冷技术的发展

自从 1945 年美国开利公司制成第一台制冷量为 $18.8 \times 10^5 kJ/h$ 的溴化锂吸收式制冷机以来，经过不断改进和提高，现在，无论是型式、结构、性能都得到了迅速发展，很多国家系列化地生产这种机型，广泛地应用于空调或其他生产工艺过程。

在美国，从事于溴化锂吸收式制冷机的有开利、特灵、约克等公司。目前产品的研究主要有以下几个方面：

1) 利用太阳能作为溴化锂吸收式制冷机热源等型式的产品。

2) 高效燃气冷、温水机的研究。

3) 双效吸收式制冷循环的分析的研究。
4) 利用低温热源的溴化锂吸收式制冷机。
5) 吸收式热泵的分析研究。

美国虽然是最早生产和应用溴化锂吸收式制冷机的国家，但由于能源丰富，特别是电力充裕，因此，就大型冷水机组而言，溴化锂吸收式制冷机所占的比例正在逐渐下降。

在日本，于二次世界大战后，大量引进美国技术，继1956年研制成小型空调用溴化锂吸收式制冷机后，又于1959年生产了制冷量为 $25 \times 10^5 \text{kJ/h}$ 的溴化锂吸收式制冷机，1962年又生产出蒸汽双效溴化锂吸收式制冷机。现在日本溴化锂吸收式制冷机的发展，无论是生产数量、应用范围和性能指标，在国际上都处于领先地位。目前主要生产厂家有三菱约克、东京三洋、东洋开利、川崎重工和日立等公司。日本是一个工业大国，又是能源十分贫乏的国家，所以主要研究节能产品，采取的主要措施有：

1) 减少进入发生器的溶液循环量，以减少制冷量循环的热损失。
2) 提高溶液热交换器的性能，适当增大热交换面积，以回收循环中的热损失。
3) 提高机组中蒸发器、吸收器等主要部件的工作效率，以提高机组的热效率。
4) 尽可能采用双效机，包括把单效机改成双效机。由于采用了以上节能方法，使双效机的热力系数由原来的1.0提高到1.2以上，达到了节能20%～30%的目标。

在我国，自1966年上海第一冷冻机厂等单位试制成功制冷量为 $42 \times 10^5 \text{kJ/h}$ 的溴化锂吸收式制冷机以来，通过样机的研制和对溴化锂水溶液的物性、腐蚀和传热等基础性试验研究，使溴化锂吸收式制冷机性能大大改进，从而获得了较快的发展。目前全国各地，例如：上海、北京、天津、青岛、洛阳、郑州、西安、武汉等地都制造此类产品。我国是一个幅员辽阔、资源丰富的国家，有各种各样的废热可供利用。近年来，溴化锂吸收式制冷机虽然有很快的发展。但与国际先进水平相比，还有较大的差距。随着我国经济的蓬勃发展，各行各业对空调及生产工艺用冷源的需求日趋迫切。因此溴化锂吸收式制冷机有着广阔的发展前途。根据当前热能的利用和发展情况，国产溴化锂吸收式制冷机应在提高蒸汽双效机经济性、可靠性，降低金属材料消耗的同时，积极开发直燃双效、热水型新机种，以便扩大应用范围。

第二节　溴化锂水溶液的性质

与压缩式制冷机不同，吸收式制冷机的工质除了制冷剂外，还需要有吸收剂。制冷剂用来产生冷效应，吸收剂用来吸收产生冷效应后的冷剂蒸汽，以实现对制冷剂的"热化学"压缩过程。制冷剂与吸收剂组成工质对。

吸收式制冷机的工质通常是一种二元溶液，由沸点不同的两种物质所组成。其中，低沸点的组分用作制冷剂，高沸点的组分用作吸收剂。对制冷剂的要求和压缩式制冷机基本相同，如蒸发潜热大、工作压力适中、成本低、毒性小、不爆炸、不腐蚀等。对吸收剂则要求具有下列的一些特性：

1) 在相同压力下，它的沸点比制冷剂高，而且相差越大越好。这样，在发生器中蒸发出来的冷剂纯度就高，有利于提高制冷机的热力系数。
2) 具有强烈地吸收制冷剂的能力，即具有吸收温度比它低的冷剂蒸汽的能力。

3) 无臭、无毒、不爆炸、不燃烧、安全可靠。

4) 价格低廉，容易获得。

5) 对普通金属材料的腐蚀性小。

当然要寻找一种二元溶液，都满足上述有关制冷剂和吸收剂的要求是比较困难的。但有些基本的条件，比如溶液中两种组分沸点相差要大则是必需的，不然就不能用作吸收式制冷机的工质。

溴化锂水溶液由固体的溴化锂溶解在水中而成。在常压下，水的沸点是100℃，而溴化锂的沸点为1265℃，两者相差1165℃。因此溶液沸腾时产生的蒸汽几乎都是水的成分，而不会有溴化锂的成分，毋须精馏就可得到纯冷剂蒸气。这是溴化锂溶液用作吸收式制冷机工质的优点。

在溴化锂水溶液二元工质对中，水是制冷剂。用水作制冷剂有许多优点：价格低廉、取用方便、汽化潜热大、无毒、无味、不燃烧、不爆炸等。缺点是常压下蒸发温度 t_0 高，而当蒸发温度 t_0 降低时，蒸发压力 p_0 也很低，蒸汽的比容又很大。此外，水在0℃就会结冰，因此，用它作制冷剂时所能达到的低温仅限于0℃以上。

溴化锂产品常以水溶液的形式供应。要符合以下要求：

1) 性状：无色透明液体。

2) 浓度：不低于50%。

3) 水溶液 pH 值：8 以上。

4) 硫酸盐（SO_4^-）最高含量：0.05%（质量分数）。

5) 多硫化物含量：溴酸盐（BrO_3^-）无反应。

6) 溶液中不应含有二氧化碳（CO_2）、臭氧（O_3）等不凝性气体。

有关溴化锂溶液的物理性质和腐蚀性介绍如下：

一、溴化锂水溶液的物理性质

溴化锂溶液是无色液体，没有毒性，入口有咸味，溅在皮肤上微痒。使用过程中要特别防止溅入眼内，以防眼睛受伤。

1. 溶解度

图 5-3 为溴化锂溶液的结晶曲线图。

纵坐标表示结晶温度，横坐标表示溶液的含量。曲线上的点表示溶液处于饱和状态。曲线的左上方表示溶液中不会有晶体存在，而右下方则包含有固体的溴化锂。从图中可知，在某一含量下，如果降低溶液的温度，就会有固体溴化锂析出。这在溴化锂吸收式制冷机的运行过程中必须十分注意，运行中必须注意防止结晶现象，否则会影响制冷机的正常运行。

2. 密度

图 5-4 为溴化锂溶液在等温条件下的密度曲线图。

只要用密度计和温度计测得溶液的密度和温度，

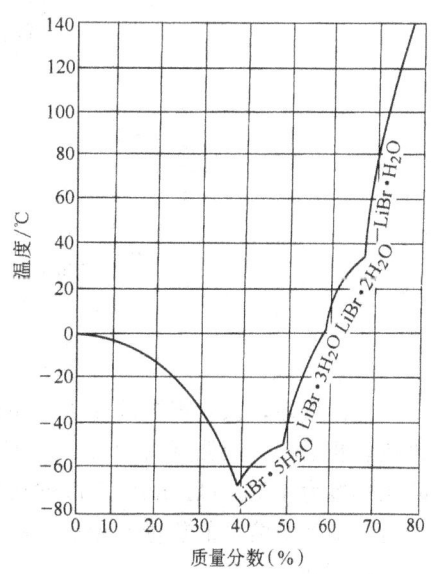

图 5-3 溴化锂溶液的结晶曲线图

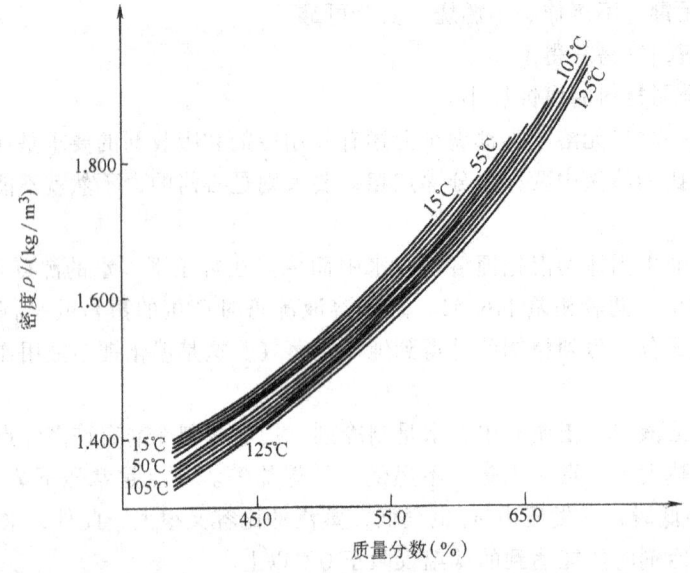

图 5-4 溴化锂溶液在等温条件下的密度曲线图

即可由图中查得溶液的含量。从图中可知,溴化锂溶液的密度比水大。这是因为溶液中含有溴化锂的缘故。溴化锂吸收式制冷机使用的溶液,其质量分数为 60% 左右,室温下密度约为 $1.7g/cm^3$。

3. 比热容

溴化锂溶液的比热容常用比定压热容,即在压力不变的条件下,单位质量溶液温度变化 1℃ 所需的热量,用符号 c_p 表示。溴化锂溶液的比热容曲线如图 5-5 所示。

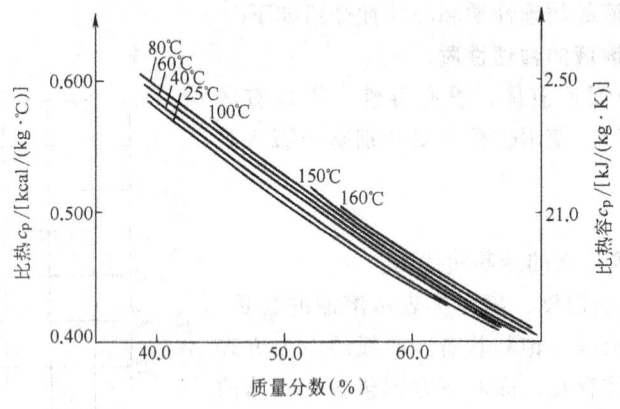

图 5-5 溴化锂溶液的比热容曲线图

从图可知,溴化锂溶液的比热随着温度的升高而增大,随着浓度的升高而减少,且它的比热容相当小,当温度为 25℃,含量为 51% 时(质量分数),比热容为 $2.1kJ/(kg·K)$,而水的比热容为 $4.2kJ/(kg·K)$。溶液的比热容小,有利于提高机组的效率。因为这意味着发生过程所需要加给溶液的热量比较小,而吸收过程所必须从溶液中带走的热量也比较小。

4. 粘度

图 5-6 为溴化锂溶液的动力粘度曲线。

从图中可知，溴化锂溶液的粘度比较大。溶液的粘度大，对传热有较大的影响，在设计过程中应加以考虑。

5．表面张力

表面张力用 σ 表示，其曲线如图 5-7 表示。

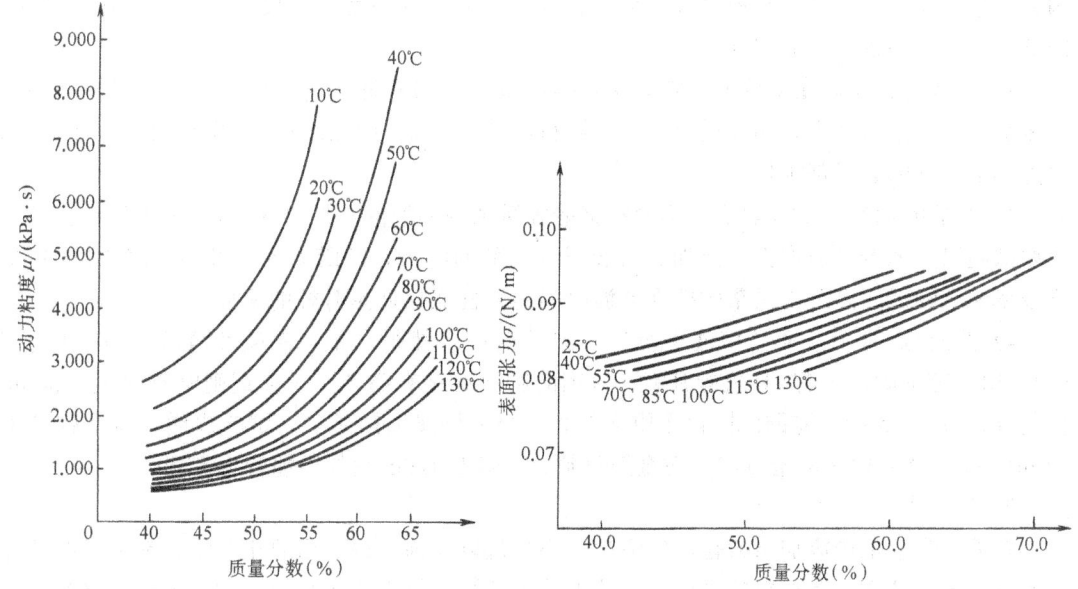

图 5-6　溴化锂溶液的动力粘度曲线图　　图 5-7　溴化锂溶液的表面张力曲线图

从图可知，溴化锂溶液的表面张力与温度及含量有关：含量不变时，表面张力随温度的升高而降低；温度一定时，表面张力随含量的增大而增大。

6．饱和蒸汽压

图 5-8 为溴化锂溶液的饱和蒸汽压图。

纵坐标表示溶液的温度，横坐标表示溶液的含量，图中的曲线为等压线簇。从图中可知，溴化锂溶液的饱和蒸汽压与水相比很小，这也说明它的吸湿性很强。

二、溴化锂溶液的腐蚀性及缓蚀剂

1．腐蚀性

溴化锂溶液是一种较强的腐蚀介质，对普通金属材料，如碳钢、纯铜等具有较强的腐蚀性。尤其在有氧气存在的情况下其腐蚀更为严重。溴化锂溶液对金属材料的腐蚀，不仅大大缩短了制冷机的使用寿命，而且腐蚀产物如铁锈、不凝性气体（氢气）等直接影响机组的性能和正常运行。因此，了解溴化锂溶液对金属材料的腐蚀性，从而提出防腐措施，是溴化锂吸收式制冷机中的一个重要任务。

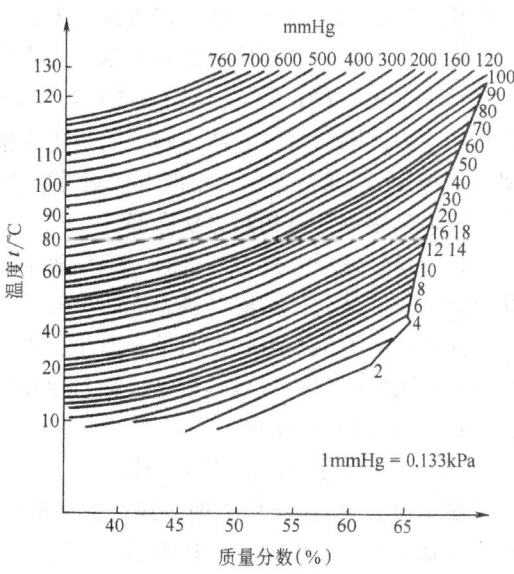

图 5-8　溴化锂溶液的饱和蒸汽压图

试验表明，溴化锂溶液对金属材料的腐蚀与下列的一些因素关系较大：

1）氧的影响。无论是实验室中的模拟试验，还是机组中的实际挂样，凡与氧气接触，腐蚀就特别严重。例如：在溴化锂吸收式制冷机中，虽然发生器中溶液的温度和浓度都比较高，但因充灌溶液，与氧接触的机会少，腐蚀就较小。而吸收器上部和蒸发器水盘等部位，因在机组工作时会溅到溴化锂溶液，形成很稀的液膜，容易受氧的侵袭，腐蚀就比较严重。因此氧是促进腐蚀的重要因素。

2）溶液的含量。在常压下，随着溴化锂溶液含量的降低，腐蚀加剧，因为稀溶液中氧的溶解度要比浓溶液大；而在低压下，金属材料的腐蚀率与溶液的含量几乎没有什么关系，因为溶液中氧的含量都很低。

3）溶液的温度。试验表明，不含有铬酸锂缓蚀剂的溶液，对 Q235 钢、纯铜和镍铜的腐蚀率都随温度的升高而增大。而加有铬酸锂缓蚀剂的溶液，则随温度的升高，对 Q235 钢的腐蚀率略有降低。这可能是铬酸锂在高温时的钝化性能比低温时好的缘故。

4）溶液的 pH 值。酸性溶液对金属材料的腐蚀当然很严重。而碱性溶液，当 pH 处于 8.0~10.2 范围时，随着 pH 值的升高，对钢的腐蚀率略有降低，对纯铜则略有增大。但 pH 值过高，对 Q235 钢和纯铜的钝化作用都不利，会加剧腐蚀的进行。试验表明，溴化锂溶液的 pH 值在 9.5~10.3 的范围内，对金属材料，尤其是 Q235 钢的缓蚀较为有利。

2. 缓蚀剂

在溴化锂溶液中添加铬酸盐、钼酸盐、硝酸盐以及锑、铝、铅的化合物，都可以有效地抑制溴化锂溶液对金属材料的腐蚀。溶液中的这种添加物称为缓蚀剂。试验表明，铬酸锂是一种很好的缓蚀剂，这是因为铬酸锂能在金属表面形成保护膜的缘故。

试验证明，Q235 钢和纯铜的腐蚀率都随铬酸锂含量的增大而降低。这是因为铬酸锂的含量越大，钝化性能越好。一般在温度不超过 120℃ 时，溶液中加入在 0.1%~0.3%（质量分数）范围的铬酸锂（Li_2CrO_4）和 0.02%（质量分数）的氢氧化锂（LiOH），使溶液呈碱性，pH 值保持在 9.5~10.5 之间，具有良好的缓蚀效果。然而实验表明，在溴化锂溶液中添加铬酸锂应根据实际情况而定，不能一律加到 0.3%（质量分数），否则将会产生沉淀物，造成一些不良的结果。当然，在制冷机运转初期，需要形成保护膜，铬酸锂的消耗量要大些。

综上所述，溴化锂溶液对 Q235 钢和纯铜具有较强的腐蚀性。引起腐蚀的主要因素是氧的作用，因此隔绝氧气是防止腐蚀的最主要措施。此外，在溶液中添加铬酸锂等缓蚀剂，并使溶液维持一定的 pH 值，也能有效地抑制溴化锂溶液对金属材料的腐蚀作用。

三、溴化锂溶液的热力状态图

设计溴化锂吸收式制冷机时，不仅要了解溴化锂溶液的物理性质和腐蚀性，而且要了解其热力性质。溴化锂溶液的热力性质可通过它的热力状态图来说明。

溴化锂溶液的热力状态图是对溴化锂吸收式制冷机进行计算必不可少的曲线图。这里介绍压力-温度（p-t）图、比焓-质量分数（h-ξ）图、比熵-质量分数（s-ξ）图。

1. 压力-温度（p-t）图

图 5-9 为溴化锂溶液的 p-t 图。

溴化锂溶液的 p-t 图表明了溴化锂溶液中压力、温度和含量之间的相互关系，是最基本的热力状态图。图中的三个状态参数只要知道任意两个，另外一个也就随之确定了。p-t 图还可以用来表示溴化锂溶液在加热或冷却过程中热力状态的变化。如图所示，温度为 87℃，

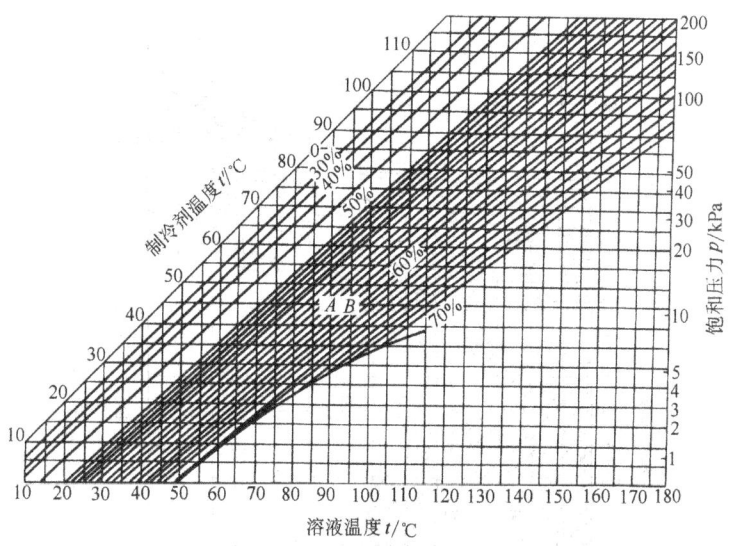

图 5-9 溴化锂溶液的 p-t 图

压力为 9.3kPa 的饱和溶液,它的质量分数为 58%(状态点 A)。若在等压下加热,温度升高,溶液中的水分被蒸发出来,则溶液的浓度也就随之增大。当温度升高至 96℃ 时,与之相应的浓度也增大至 62%(状态点 B)。这样,溶液的状态就由点 A 变为点 B。这就是等压沸腾过程。相反,如果处于点 B 状态的溶液被冷却,压力不变,而温度降低,就有吸收水蒸汽,降低浓度的趋势。这就是等压吸收过程。图中左上角第一条曲线为纯水的压力与饱和温度的关系,右下角的折线为结晶线,即不同温度下溶液的饱和含量。温度越低,饱和含量也越低。因此,溴化锂溶液的含量过高或温度过低时均易形成结晶,这一点在设计及运行中都是很重要的。

但是,p-t 图不能表示溶液状态变化过程中焓的变化。因此在溴化锂吸收式制冷机设计时,通常必须借助于比焓-质量分数(h-ξ)图。

2. 比焓-质量分数(h-ξ)图

图 5-10 为溴化锂溶液的 h-ξ 图。

溴化锂溶液的 h-ξ 图是对溴化锂吸收式制冷机进行制冷循环分析和热力计算的主要线图,它的横坐标表示溶液的质量分数,纵坐标表示溶液的比焓值。图的下半部为液相部分,由等温线簇和等压线簇组成网络线;图的上半部为汽相部分,只有等压线簇。

当压力不大时,压力对液体的比焓和混合热的影响很小,故可认为液态等温线与压力无关,液态溶液的比焓只是温度和含量的函数。不论是饱和液态还是过冷液态溶液的比焓,都可在 h-ξ 图上用等温线与等含量线的交点求得。

图 5-10 下半部的实线为等压饱和液线。某一压力下溶液的饱和液态一定落在该压力值的等压线上。某一等压线以下为该溶液的过冷区,当压力升高时,过冷液区的上界线也随着等压线而上移。根据某状态点与相应等压饱和液线的位置关系,可以判别该点的相态。

溴化锂溶液的 h-ξ 图只有液态区,汽态为纯水蒸气,集中在 $\xi=0$ 的纵坐标上。由于平衡时汽液同温,蒸汽的温度由与之平衡的液态溶液的温度求得。因溶液沸点升高特性,平衡态溶液面上的蒸汽都是过热蒸汽,其比焓值可从纵坐标查得。与液相部分相对应,汽相部分

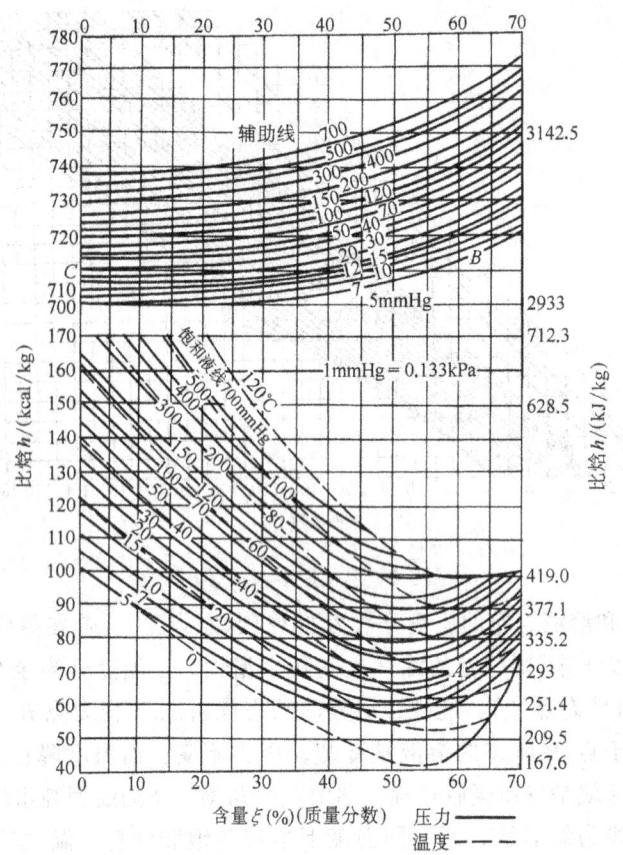

图 5-10 溴化锂溶液的 $h\text{-}\xi$ 图

也有相应数量的等压线。但这个等压线只是辅助线,并不说明蒸汽的浓度,只是确定蒸汽的比焓值。下面举例说明 $h\text{-}\xi$ 图的用法,从而进一步了解溴化锂溶液的热力性质。

例 5-1 设某一稳定状态下的溴化锂溶液,压力 $p_A = 5.8\text{mmHg}$,温度 $t_A = 42℃$。求它的浓度 ξ_A 和比焓值 h_A。

解 如图 5-10 所示,查得 5.8mmHg 的等压线与 42℃等温线的交点 A,由 $h\text{-}\xi$ 图的纵轴查得 $h_A = 66.8\text{kcal/kg}$,横轴查得 $\xi_A = 60\%$。

例 5-2 如果将点 A 状态的溴化锂溶液在等浓度下加热。求 压力为 71.9mmHg 时饱和溶液的温度和比焓值以及所加入的热量。

解 若外界向点 A 状态的饱和溶液加入热量,则溶液温度升高,开始产生蒸汽,压力随着增大。当蒸汽压力增加至 71.9mmHg 时,处于新的状态平衡,溶液又达到饱和状态。在 $h\text{-}\xi$ 图中,由 $\xi_A = 60\%$ 的等含量线与压力为 71.9mmHg 的等压线相交于点 B,则可读得 $t_B = 91.8℃$,$i_B = 89.28\text{kcal/kg}$。

对于 1kg 的溶液,加入的热量,$q = h_B - h_A = 89.2 - 66.8 = 22.4\text{kcal/kg}$。

例 5-3 将点 B 状态的溶液,在压力为 71.9mmHg 的等压条件下加热,若过程终了浓度为 64%。求 此时溶液的温度、比焓值和与过程终了相对应的水蒸气比焓值。

解 点 B 状态的饱和溶液,在等压下加热,溶液中的水分被蒸发出来,温度和浓度都

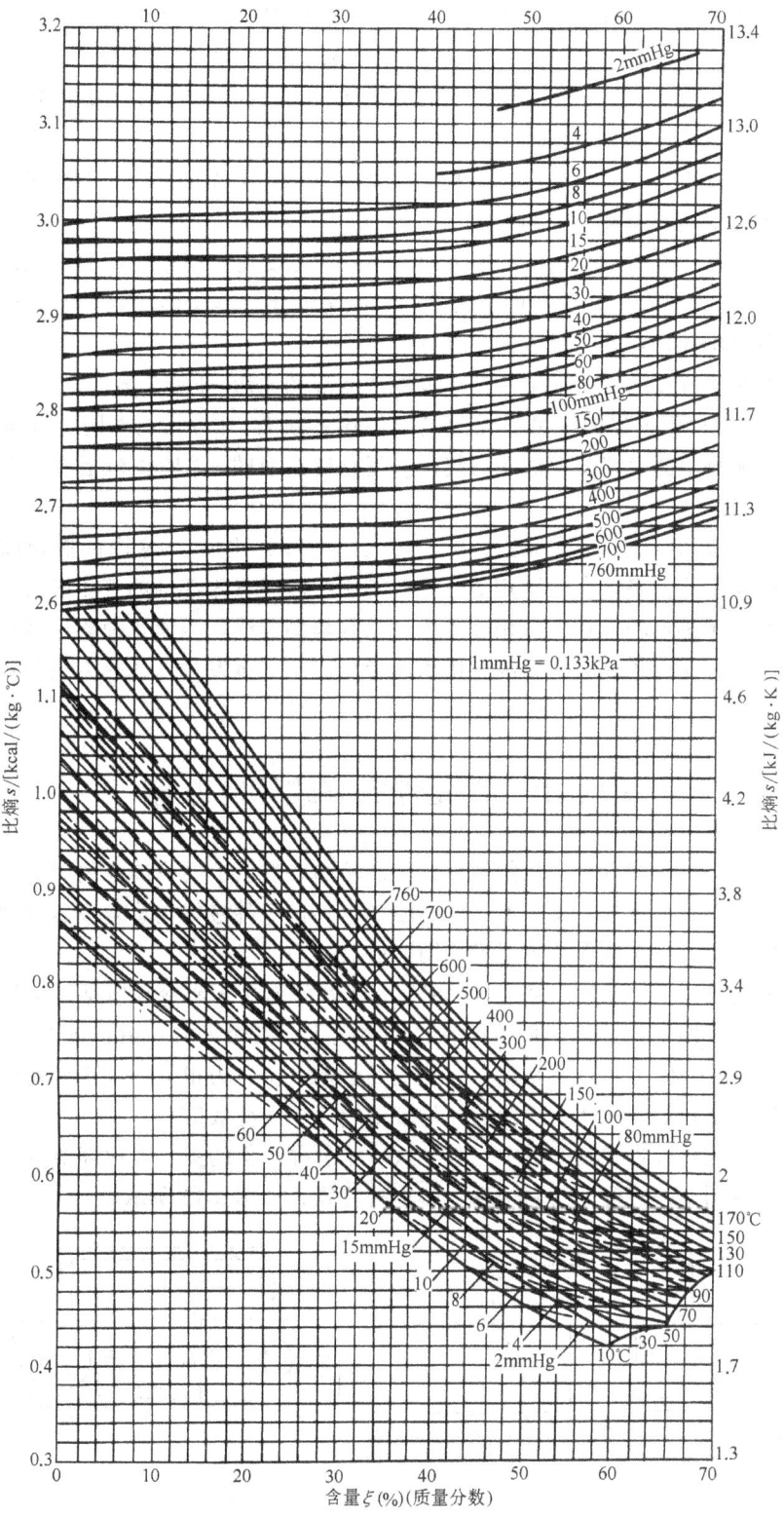

图 5-11　溴化锂溶液的 s-ξ 图

相应增大。在 h-ξ 图中，由等压线 71.9mmHg 与 64% 的浓度线相交于点 C。即过程终了溶液的状态为点 C。查得 t_C = 100.8℃，h_C = 93.5kcal/kg。由含量为 64% 与压力为 71.9mmHg 的汽相等压线相交于点 C'，可查得与过程终了相对应的蒸汽比焓值 h_C'' = 742.4kcal/kg。

3. 比熵-质量分数(s-ξ)图

如前所述，制冷过程是一非自发过程，实现这一过程必须消耗一定的能量。对于溴化锂吸收式制冷机，就是要消耗一定的热能。

溴化锂溶液的 h-ξ 图，虽然可以用来计算溶液状态变化过程中比焓的变化，从而求得加入或放出的热量。但是，h-ξ 图不便于用来计算状态变化过程中因过程的不可逆性而造成的额外损失，因而不能评定热力过程的完善程度。

热力过程完善程度的评定必须借助于溴化锂溶液的比熵-质量分数(s-ξ)图。因为应用 s-ξ 图可简单地求出由于过程的不可逆性而造成的热量损失。因此，s-ξ 图是分析溴化锂吸收式制冷机制冷循环热力完善程度的主要线图。溴化锂溶液的 s-ξ 图也包括液相图和汽相图两部分，如图 5-11 所示。

图中横坐标表示溶液的质量分数，纵坐标表示溶液的比熵。s-ξ 图的液相部分也由等温线簇和等压线簇组成网络线，而汽相部分只有等压线簇。汽相部分的等压线簇只表示过热蒸汽的比熵，不表示蒸汽的含量。汽相等压线也只是辅助曲线。当溴化锂溶液被加热时，其比熵增加，而加热介质的比熵减小。两者比熵的变化越小，蒸发过程的热力完善程度越好，反之则差。

第三节　溴化锂吸收式制冷原理

在日常生活中，我们都有这样的常识，把酒精滴在皮肤上会有凉爽的感觉，这是因为酒精蒸发时要吸收热量的缘故。实际上不仅是酒精，任何一种液体在蒸发成蒸气的过程中，都要吸收周围的热量，只是所保持的温度不同而已。

水在1个大气压下的蒸发温度 t_0 为 100℃，当然不能用于制冷。但是，如果把水的压力降低，则它的蒸发温度 t_0 也跟着降低。在真空情况下，例如 7.51mmHg（绝对压力）时，水的蒸发温度 t_0 就降低为 7℃。这就是说，只要我们创造一个压力很低，或者说真空度很高的环境，并让水在其中蒸发，就能把周围的热量带走，产生制冷效应。

那么，在溴化锂吸收式制冷机中，制冷效应是怎样产生的呢？溴化锂溶液又是起什么作用的呢？为了说明这一问题，我们来看一简单的装置，如图 5-12 所示。

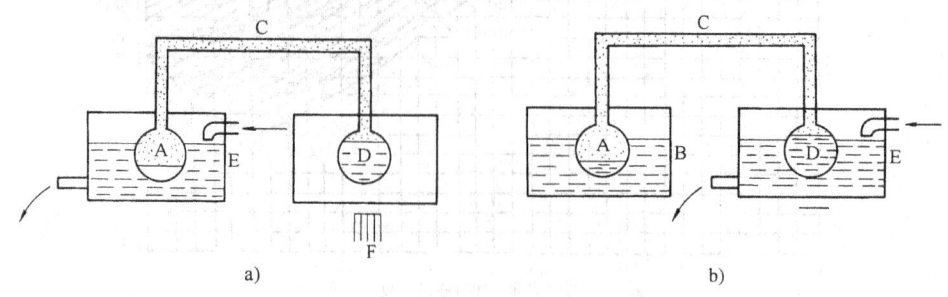

图 5-12　溴化锂吸收式制冷机的基本原理

设有 A、D 两个容器，用一条管道 C 连接，组成一个密闭系统。向容器 D 中充以溴化锂溶液，就可以用来制冷。其操作过程如下：

首先，把 D 放在加热器 F 上加热并把 A 放在水槽 E 中冷却，D 内的溶液温度升高，水分不断蒸发出来，经过 C 进入 A 内冷凝。于是 D 内的液面降低，而 A 中出现了凝结水，液面逐渐升高。当 D 中溴化锂溶液的含量达到与 A 内的冷凝压力 p_k 相对应的平衡含量时，停止加热，把 D 移入 E，而把 A 移入水槽 B 中。由于 D 被冷却，其中溴化锂溶液吸收水蒸气的能力增强，于是 D 中的水蒸气被浓度较高的溴化锂溶液吸收，压力下降，A 中的水蒸发，产生制冷效应，而把水槽中的热量带走，使水的温度降低。但当 D 中的溴化锂溶液达到与其温度相对应的饱和含量时，过程又停止了。反复进行上述操作，就能把水槽 B 中的热量带走，达到制冷的目的。

由上述可知，为了实现吸收制冷，需先从溴化锂溶液中释放出冷剂水蒸气，并将它冷凝成冷剂水，然后令其在低压下蒸发，用以产生制冷效应。为了使制冷过程能继续进行，需再用溴化锂溶液来吸收蒸发过程中产生的冷剂水蒸气，以维持所需的真空。因此吸收制冷必须包括发生、冷凝、蒸发和吸收这样几个过程。这也就说明了溴化锂吸收式制冷机的基本原理。在图 5-12 所示的装置中，容器 D 是为了实现发生及吸收过程，故可称为发生-吸收器，容器 A 为是了进行冷凝和蒸发过程，故称为冷凝-蒸发器。图中的操作过程是交替进行的，故不能连续获得冷量。

为了能连续制取冷量，将上述过程用能连续制冷的吸收式制冷机来实现，其基本组成及工作原理如图 5-13 所示。

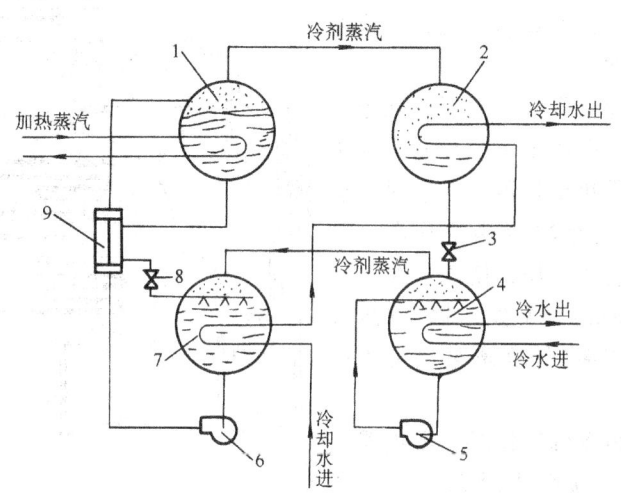

图 5-13 吸收式制冷机基本组成及工作原理
1—发生器 2—冷凝器 3—节流阀 4—蒸发器 5—冷剂泵
6—溶液泵 7—吸收器 8—减压阀 9—热交换器

工作过程是：发生器靠外界热源供给的热量在稍高于冷凝压力 p_k 下使溶液中的制冷剂汽化，产生制冷剂蒸气。制冷剂蒸气进入冷凝器被冷却水变为液体。液态制冷剂经节流阀进入蒸发器。在低压下制冷剂吸热汽化实现制冷。变成蒸汽的低压制冷剂再进入吸收器，在吸收器内被由发生器出来、又经减压的浓溶液所吸收，溶液又恢复到原来的含量，同时此溶液被水冷却。吸收器中的溶液再送到发生器以完成制冷循环。

溴化锂吸收式制冷机的分类方法有很多种，根据使用能源分以下几种：

1）蒸汽型。使用蒸汽作为驱动能源。根据工作蒸汽的品质高低，还可分为单效和双效型。单效型工作蒸汽压力范围为 0.03～0.15MPa（表压）；双效型工作蒸汽压力范围一般为 0.4～0.8MPa（表压）；特殊的低压双效型工作蒸汽压力可低至 0.25MPa（表压）。

2）直燃型。以油、气等可燃物为燃料，不仅能够制冷，而且可以供热及提供卫生热水。

3）热水型。使用热水作为能源。通常以工业余热、废热、地热热水、太阳能热水为热源，根据热源温度可分为单效热水型及双效热水型。单效型机组热水温度范围为 85～150℃，高于150℃的热水可作为双效机组的热源。

4）太阳能型。由太阳能集热装置获取能量，用来加热溴化锂机组发生器内稀溶液，进行制冷循环。

目前更多的是将上述的分类加以综合，如蒸汽单效型、蒸汽双效型、直燃型冷温水机组等。

一、单效溴化锂吸收式制冷循环

单效溴化锂吸收式制冷机是溴化锂吸收式制冷机的基本形式。这种制冷机可采用低势热能，通常采用 0.03～0.15MPa 的饱和蒸汽或 85～150℃ 的热水为能源。但制冷机的热力系数较低，约为 0.65～0.7。利用余热、废热等为能源，特别在热、电、冷联供中配套使用，无疑有着明显的节能效果。

（一）单效溴化锂吸收式制冷循环的工作过程

单效双筒溴化锂吸收式制冷机的工作原理可用图5-14来说明。

这一系统是连续工作的。为了实现上述四个过程，系统中设有四个主要设备：发生器、冷凝器、蒸发器和吸收器。为了提高机组的热力系数，还设有溶液热交换器。此外，为了使装置能连续工作，使工质在各设备中进行循环，因而还装有发生器泵（溶液泵）、蒸发器泵（冷剂泵）等屏蔽泵以及相应的连接管道、阀门等。

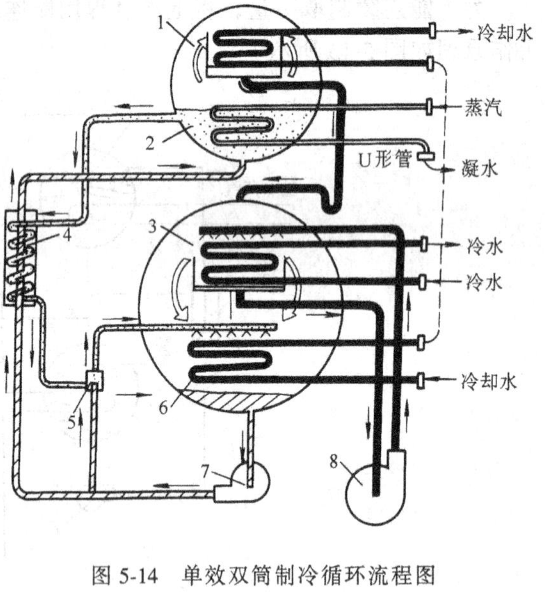

溴化锂吸收式制冷机工作时，发生器与冷凝器的压力较高，通常密封在一个筒体内，称为高压筒；蒸发器和吸收器的压力较低，密封在另一筒体内，称为低压筒。高压筒和低压筒通过U形管及溶液管道连接。

图5-14 单效双筒制冷循环流程图
1—冷凝器 2—发生器 3—蒸发器 4—溶液热交换器
5—引射器 6—吸收器 7—溶液泵 8—冷剂泵

单效溴化锂吸收式制冷机的工作过程如下：

1）发生器2中稀溶液被外来热源加热，产生冷剂水蒸气，进入冷凝器1并在其中冷凝形成冷剂水。冷剂水经节流阀（U型管）进入蒸发器3，由于压力的急剧降低，喷淋在蒸发管簇外表面的冷剂水又受到管簇内冷媒水的加热，迅速吸热汽化，未完全汽化的部分冷剂水落于蒸发器水盘中，被蒸发器泵（冷剂泵8）连续地送到蒸发器的喷淋装置，而被均匀地喷淋于蒸发器管簇的外表面,继续吸热汽化。同时蒸发器管簇内的冷媒水被冷却到所需的温度,即达到了制冷的目的。

2) 发生器 2 出来的浓溶液,经过溶液热交换器 4 降温后,流入吸收器 6,吸收由蒸发器 3 产生的冷剂水蒸汽,形成稀溶液,然后由发生器泵(溶液泵 7)经溶液热交换器升温后,输送到发生器 2,重新被外来热源加热,形成浓溶液。如此循环就组成了一个连续的制冷循环。

在溴化锂吸收式制冷系统中,冷凝器与蒸发器之间的压差很小,一般只有 6.5~8kPa,只需 6.9~8.3Pa 就能达到平衡,因此节流机构采用 U 形管、节流小孔或短管就能完成。系统中设置的溶液热交换器,可使浓溶液和稀溶液在各自进入吸收器和发生器之前,进行热量交换,既可减少冷却水的消耗量,又可减少外界对稀溶液的加热量,使装置的经济性获得提高。由于水蒸气的比容很大,将发生器和冷凝器置于同一容器内(高压侧),将蒸发器和吸收器置于另一容器内(低压侧),可以免除很粗的蒸汽连接管道。

由于溴化锂吸收式制冷机是在高真空下工作,为了抽除不凝性气体,机组中还必须设有抽气装置。这种抽气装置可以是机械真空泵,也可以是其他型式的自动抽气装置。

(二) 单效溴化锂吸收式制冷理论循环

为了对制冷循环进行理论分析,作如下的假定:

1) 工质在流动过程中没有任何流动阻力。发生器的工作压力 p_g 等于冷凝器的工作压力 p_k,吸收器的工作压力 p_a 等于蒸发器的工作压力 p_0,即 $p_g = p_k$,$p_a = p_0$。其中,p_k 取决于冷剂蒸汽凝结过程中的温度(冷凝温度 t_k),通常由冷却水的温度来决定;P_0 取决于冷剂水蒸发过程中的温度(蒸发温度 t_0),根据对冷媒水的温度要求来选定。

2) 在发生器中无发生不足的现象,即由发生器出来的浓溶液是压力为 p_g,温度为 t_4 的饱和溶液;同样在吸收器中也没有吸收不足的现象,即由吸收器出来的稀溶液是压力为 p_a 温度为 t_2 的饱和溶液。这就是说,发生过程和吸收过程的进行都没有传质推动力。

3) 溶液热交换器可以实现热量的完全回收,浓溶液可以被冷却到稀溶液进口处的温度,即 $t_8 = t_2$。

4) 蒸发器无冷量损失,其余各设备无热量损失,即与环境介质(空气)不进行热交换。

在理想条件下,单效溴化锂吸收式制冷理论循环在 h-ξ 图上的表示用图 5-15 来说明。

图中 p_k、p_0 分别表示冷凝压力 p_k 和蒸发压力 p_0。点 2 和 4 为吸收器出口稀溶液及发生器出口浓溶液的状态,其质量分数分别为 ξ_a 和 ξ_r。

整个循环过程可用下列过程表述。

1. 发生过程

点 2 为吸收器的饱和稀溶液状态,其质量分数为 ξ_a,压力为 p_a($p_a = p_0$),温度为 t_2;经过发生器泵,压力升高到 p_k($p_k = p_g$),进入溶液热交换器,在等压、等浓度下温度由 t_2 升高到 t_7;然后进入发生器,被发生器传热管内的工作蒸汽

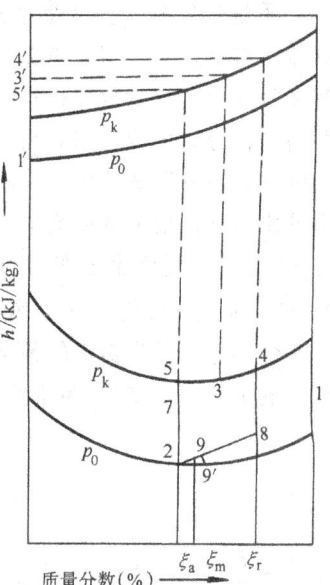

图 5-15 单效溴化锂吸收式制冷理论循环在 h-ξ 图上的表示

加热，温度由 t_7 升高到 P_k 压力下饱和状态的 t_5，开始在等压下沸腾，溶液中的水分不断蒸发，浓度逐渐变浓，温度也逐渐升高；过程终了时，溶液的质量分数达到 ξ_r，温度达到 t_4，图中用状态点 4 表示。2—7 表示稀溶液在热交换器中的升温过程，7—5—4 表示稀溶液在发生器中的加热和发生过程。它所产生的水蒸气状态，用开始发生的状态(点 5')和发生终了的状态(点 4')的平均值点 3' 表示。由于发生的是纯水蒸气，故状态点 3' 位于 $\xi = 0$ 的纵坐标轴上。

2. 冷凝过程

从发生器产生的水蒸气(点 3')进入冷凝器，在压力 p_k 不变的情况下，被冷凝器管内流动的冷却水冷却，首先变为饱和蒸汽，继而被冷凝成饱和液体(点 3)。3'—3 表示冷剂蒸汽在冷凝器中的冷却及冷凝过程。

3. 节流过程

压力为 p_k 的饱和冷剂水(点 3)经过节流装置(U 形管)，压力降为 p_0 后进入蒸发器，节流前后因冷剂水的比焓值及含量均不发生变化，故节流后的状态点与节流前的状态点 3 重合。但由于压力的降低，有部分冷剂水汽化成冷剂蒸汽(点 1')，尚未汽化的大部分冷剂水，温度降低到与蒸发压力 p_0 相对应的饱和温度 t_1(点 1)，并积存在蒸发器水盘中。节流前的点 3，表示冷凝压力 p_k 下的饱和水状态，节流后的点 3，则表示压力为 p_0 下的饱和蒸汽 1' 和饱和液体 1 相混合的湿蒸汽状态。

4. 蒸发过程

积存在蒸发器水盘中的冷剂水(点 1)，通过蒸发器泵均匀喷淋在蒸发器管簇的外表面，吸收管内冷媒水的热量而蒸发，使冷剂水在等压、等温下由点 1 变为点 1'，1—1' 表示冷剂水在蒸发器中的蒸发过程。

5. 吸收过程

质量分数为 ξ_r、温度为 t_4、压力为 p_k 的浓溶液，在自身的压力与压差作用下，由发生器流至溶液热交换器，将部分热量传递给稀溶液，温度由 t_4 降为 t_8(点 8)，4—8 表示浓溶液在热交换器中的放热过程。点 8 状态的浓溶液，进入吸收器和吸收器中状态为点 2 的部分稀溶液混合，形成状态点为 9' 的中间溶液，质量分数为 ξ_{cm}，温度为 $t_{9'}$，然后由吸收器泵均匀喷淋在吸收器管簇的外表面。中间溶液进入吸收器后，由于压力的突然降低，先闪发出一部分水蒸气，溶液浓度变浓，用点 9 表示。中间溶液吸收来自蒸发器的水蒸气，质量分数由 ξ_{cm} 降至 ξ_a，温度由 t_9 降至 t_2(点 2)，吸收过程中放出的热量由管内冷却水带走。8—9' 和 2—9' 表示混合过程，9—2 表示吸收器中的吸收过程。

假定送往发生器中的稀溶液量为 F kg，含量为 ξ_a，它被蒸汽加热，产生 D kg 冷剂水蒸气，剩下的 $(F-D)$ 含量变为 ξ_r 的浓溶液出发生器，根据发生器中的物量平衡关系，得

$$\xi_a F = (F - D)\xi_r$$

$$\xi_a \frac{F}{D} = \left(\frac{F}{D} - 1\right)\xi_r$$

令 $\dfrac{F}{D} = a$，则 $a = \dfrac{\xi_r}{\xi_r - \xi_a}$

称 a 为循环倍率，它表示在发生器中，每产生 1kg 冷剂蒸汽所需溴化锂稀溶液的循环量，$(\xi_r - \xi_a)$ 称为放气范围。

单效溴化锂吸收式制冷机一般采用 0.03~0.15MPa（表压）的蒸汽或热水（75℃以上）作为加热热源，循环的热力系数较低（一般为 0.65~0.75）。如果有压力较高的蒸汽可以利用，则可采用双效溴化锂吸收式制冷循环，热力系数可提高到 1 以上。

二、双效溴化锂吸收式制冷循环

（一）双效溴化锂吸收式制冷机工作原理

所谓双效溴化锂吸收式制冷机，是在制冷机中装有高压发生器和低压发生器。在高压发生器中，采用压力较高的蒸汽（一般为 0.6~0.8MPa）或燃气、燃油等高温热源来加热，在高压发生器中产生的高温冷剂水蒸气，用来加热低压发生器，使低压发生器中的溴化锂溶液进一步产生冷剂水蒸气，这样不仅有效地利用了冷剂水蒸气的汽化潜热，同时又减少了冷凝器的热负荷，使机组的经济性得到提高。

双效溴化锂吸收式制冷机循环型式较多，图 5-16 示出其中一种较为常见的流程图。

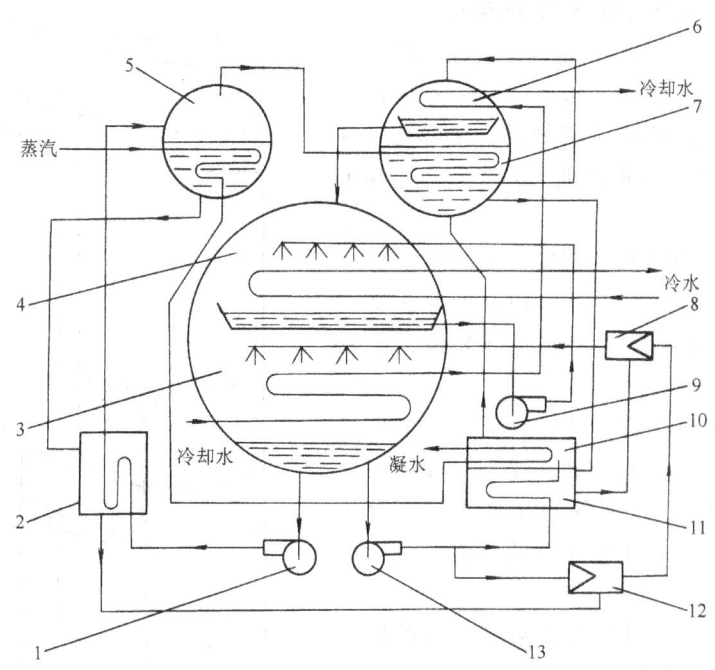

图 5-16 双效溴化锂吸收式制冷机并联系统流程图
1—发生器泵 2—高温热交换器 3—吸收器 4—蒸发器 5—高压发生器
6—冷凝器 7—低压发生器 8、12—引射器 9—冷剂水泵 10—凝水换热器
11—低温热交换器 13—溶液泵

它由高压发生器、低压发生器、冷凝器、蒸发器、高温溶液热交换器、低温溶液热交换器、凝水换热器、泵、引射器等组成。高压发生器由一个单独的高压筒组成，低压发生器、冷凝器和蒸发器、吸收器分置于另外两只筒体内。

这种流程的工作过程是：由吸收器 3 出来的稀溶液，分为二路：一路经高压发生器泵 1 升压后，流入高温热交换器 2，温度升高后，进入高压发生器 5，被管内的工作蒸汽加热，产生高温冷剂水蒸气，溶液的含量变浓，由高压发生器 5 排出，经高温换热器 2 降温后，被引射器 12 抽入。另一路经溶液泵 13 升压后，又分成两路：一路经低温热交换器 11 及凝水换热器 10，温度升高后进入低压发生器 7，在其中被高压发生器产生的高温冷剂水蒸气加热，产生冷剂水蒸气，而高温冷剂水蒸气放出潜热后凝结成冷剂水，节流后与低压发生器产生的冷剂水蒸气一起进入冷凝器6，被管内冷却水冷却和冷凝，形成冷剂水。该冷剂水节流后流入蒸发器4，由于压力的降低，部分水汽化，剩余的冷剂水积存于水盘中，被冷剂水泵9吸入，均匀地喷淋在蒸发器管簇的外表面，吸取管内冷媒水的热量而蒸发，使冷媒水得到冷却而制冷；另一路作为引射器12的高压流体，除引射由高压发生器出来的浓溶液外，其混合液又作为引射器8的工作流体，引射由低压发生器流出，经低温热交换器降温后的浓溶液形成中间溶液后，均匀洒淋在吸收器管簇外表面，吸收由蒸发器产生的冷剂水蒸气，从而保持蒸发器内所需低压，使冷剂水能在低压、低温下不断蒸发而制取冷量。中间溶液吸收了冷剂水蒸气后，重新变成稀溶液，再分别由高压发生器泵及溶液泵送出。吸收过程中产生的热量，由吸收器管簇内的冷却水带走，从而保证吸收过程的连续进行。

综上所述，与单效机相比，双效机增加了高压发生器、高温热交换器和凝水回热器，使热力系数有很大提高，有利于节约能耗和推广应用。双效溴化锂吸收式制冷机除用蒸汽作为加热热源外，燃油或燃气（天然气、城市煤气或液化石油气）直燃型双效机也已有成熟的产品生产。

（二）双效溴化锂吸收式制冷机的理论循环

利用 $h\text{-}\xi$ 图对目前广泛应用的低温热交换器前分流的并联流程双效机进行分析，见图5-17所示。

由于采用分流流程，从吸收器流出的质量分数为 ξ_a 的稀溶液，离开吸收器分两部分输入高、低压发生器。高、低压发生器内的压力分别为 p_r 与 p_k，高、低压发生器的溶液质量分数分别增至 ξ_{y1} 和 ξ_{y2}。

分流流程在 $h\text{-}\xi$ 图上是由两个长方形叠加在一起组成的循环回路。其中 2—10—11—12—13—8—9—2 为经过高压发生器的溶液循环过程的回路四边形。2—7—5—4—8—9—2 则为经过低压发生器的溶液循环过程的回路四边形。除等质量分数线为一公共边外，另一公共边为

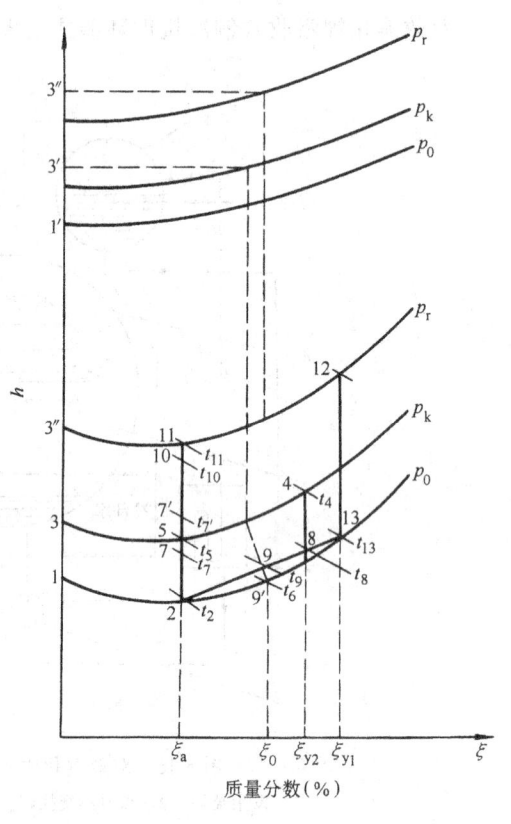

图5-17 低温热交换器前分流流程的 $h\text{-}\xi$ 图

13—8—9—2 过程线，此线是吸收器内吸收冷剂蒸汽的过程线，这一过程中的 8—9 为高低压发生器所输出的不同质量分数的溶液混合过程。

点2状态，溴化锂稀溶液离开吸收器被发生泵输送，在低温热交换器前分流，溶液质量分数保持 ξ_a 不变，一部分稀溶液经低温热交换器与凝水回热器加热升温进入低压发生器，另一部分稀溶液经高温热交换器加热升温后进入高压发生器。因此，溶液从点2状态开始，沿等质量分数 ξ_a 线向上，分别在 p_r 与 p_k 两条等压线上作两个理论循环。

1. 溶液的理论循环

(1) 经高压发生器的溶液循环,沿 p_r 等压线变化的回路

1) 2—10 过程,为分流后经高温热交换器加热升温的过程,其温度的升高是高压发生器流经高温热交换器的浓溶液提供热量。稀溶液在此过程中的质量分数没有变化,仍保持 ξ_a 并沿等质量分数线变化,温度由 t_2 升至 t_{10} 后进入高压发生器。

2) 10—11 过程,为进入高压发生器后,稀溶液被加热蒸汽继续加热的过程。将被热交换器升温到 t_{10} 的稀溶液,加热至与发生器压力 p_r 条件下对应的饱和状态。温度升至 t_{11},浓度仍为 ξ_a。

3) 11—12 过程,为高压发生器内稀溶液蒸发出冷剂蒸汽的发生过程。从点 11 状态开始,稀溶液由工作蒸汽加热而沸腾,产生冷剂蒸汽,其状态对应于汽相区域内的点 3‴处。溶液沿等压力 p_r 线向上变化,至点 12 为发生终了状态。温度由 t_{11} 升至 t_{12},溶液由于放出冷剂蒸汽质量分数从 ξ_a 增至 ξ_{y1}。点 3‴是从点 11 至点 12 整个蒸发发生过程的平均值所对应的冷剂蒸汽状态点。

4) 12—13 过程,为离开高压发生器浓度为 ξ_{y1} 的高温浓溶液,经高温热交换器被稀溶液降温冷却过程。整个过程浓度不变,保持 ξ_{y1},温度从 t_{12} 降至 t_{13}。点 13 为浓溶液进入吸收器的状态。

(2) 经低压发生器溶液循环,沿 p_k 等压线变化的回路

1) 2—7 过程,为分流后的稀溶液,在低温热交换器中,被从低压发生器来的高温浓溶液加热升温过程。该过程溶液质量分数不变,保持 ξ_a,溶液温度自 t_2 升至 t_7。

2) 7—7′ 过程,点 7 状态的稀溶液,经凝水回热器继续加热,温度由 t_7 升至 $t_{7'}$,质量分数不变。相对于低压发生器内压力 p_k 的溶液饱和温度,点 7 状态的稀溶液处于过热状态。

3) 7′—5 过程,为过热的稀溶液进入低压发生器,产生闪发现象,很少一部分冷剂蒸汽从稀溶液中闪发出来,使稀溶液的温度略有降低,质量分数略有升高。因质量分数变化很小,故没有在 h-ξ 图上标出质量分数变化的数值。

4) 5—4 过程,是稀溶液在低压发生器内,被高压发生器产生出点 3‴ 状态的冷剂蒸汽加热,低压发生器中的稀溶液蒸发出冷剂蒸汽的发生过程。沿等压线 p_k,产生点 3′ 状态的冷剂蒸汽,溶液质量分数由 ξ_a 升至 ξ_{y2},溶液的温度 t_5 升至 t_4,点 4 是发生终了状态。点 3 状态的冷剂蒸汽,是由点 5 到点 4 的整个发生过程的平均状态值,向上在汽相区域的等压线 p_k 上找出的对应点。

5) 4—8 过程,是质量分数为 ξ_{y2} 的浓溶液离开低压发生器,经低温热交换器冷却降温过程。质量分数没有变化,始终为 ξ_{y2},温度从 t_4 降至 t_8,进入吸收器,与从高压发生器来的 t_{13} 状态质量分数为 ξ_{y1} 的浓溶液混合,进入吸收过程。

6) 13—8—9—2 过程,即为吸收过程。在吸收器内,点 13 状态浓溶液和点 8 状态的浓溶液,与吸收器中原有的点 2 状态的稀溶液混合,经吸收器泵输送并喷淋,吸收蒸发器过来的冷剂蒸汽。混合后的溶液质量分数为 ξ_0,温度为 t_9。它们的混合过程压力逐渐接近 p_0,最后沿等压力 p_0 线变化至点 2 状态,质量分数回到 ξ_a。

吸收过程的实际过程为 9′—2。混合状态 9,先是完成 9—9′ 过程。点 9 状态,相对于吸收器压力 p_0 是处于过热状态,在混合喷淋过程中,有部分冷剂水产生闪发现象,使混合溶液的温度降至 $t_{9'}$,质量分数略有增大,闪发后压力与 p_0 重合,溶液沿等压力 p_0 线变化,完成 9′—2 的冷却吸收过程。

9′—2过程是吸收冷剂蒸汽后,混合溶液质量分数变为稀溶液,温度恢复到 t_2,质量分数返回初始质量分数 ξ_a,完成一个溶液循环。从点2开始又进入下一个循环周期。

2. 冷剂蒸汽的制冷循环

与单效机的制冷循环一样,制冷循环全部在冷剂蒸汽与冷剂水之间变化,各状态点均在 i-ξ 图上的纵坐标上标出($\xi=0$),其循环过程是:

1) 点 3‴ 状态是高压发生器产生的冷剂蒸汽状态,点 3″ 是点 3‴ 状态的冷剂蒸汽加热低压发生器内稀溶液后,被冷凝成压力为 p_r 的冷剂水状态。

2) 3‴—3″过程,为冷剂蒸汽凝结成冷剂水的过程。压力没有变化,始终为 p_r,状态由汽态变为液态,即由冷剂蒸汽变为冷剂水。

点 3′ 状态,是低压发生器产生的冷剂蒸汽的状态,点 3 是冷剂蒸汽在冷凝器中被冷凝成冷剂水的状态。其压力均为 p_k。

3) 3′—3 过程,是低压发生器所产生的冷剂蒸汽在冷凝器中被冷凝的过程,产生了点 3 状态的冷剂水,其中也混有点 3″状态的冷剂水。点 3″的冷剂水经节流装置使压力从 p_r 降至 p_k。过程 3′—3 的压力值为 p_k,也是由冷剂蒸汽变为冷剂水。过程中凝结热被冷却水带到制冷系统外。

4) 3—1 过程,为节流过程。冷凝器中的冷剂水经节流装置进入蒸发器,压力由 p_k 降至 p_0。

5) 1—1′过程为蒸发过程。冷剂水在蒸发器中经喷淋吸热而蒸发。蒸发器内,喷淋在管簇外的冷剂水吸收冷媒水(载冷剂)的热量,蒸发为点 1′状态的冷剂蒸汽。点 1′状态的冷剂蒸汽被吸收器中溴化锂浓溶液吸收进入溶液循环。再次产生点 3‴状态的冷剂蒸汽使冷剂循环得以周而复始。

蒸发过程吸收冷媒水的热量,使冷媒水的温度降低,将低温水送至用冷部位,达到制冷目的,即产生出制冷机的制冷效应。

三、直燃型溴化锂吸收式冷热水机组

直燃型溴化锂吸收式冷热水机组以燃气或燃油为能源,以所产生的高温烟气为热源,按蒸汽吸收式循环的原理工作。这种机组具有燃烧效率高;对大气环境污染小;体积小、占地省;既可用于夏季供冷,又可用于冬季采暖,必要时还可提供生活热水,使用范围广等优点,因而近年来国内外发展极为迅速。

直燃型双效溴化锂冷热水机组的制冷原理与蒸汽型双效溴化锂吸收式冷水机组基本相同,只是高压发生器不用蒸汽加热,而是以燃料在其中直接燃烧产生的高温烟气为热源,因而具有热源温度高,传热损失小等优点。

直燃型双效冷热水机组和蒸汽型双效冷水机组相同,溶液回路亦有串联流程与并联流程之分,通常用以下三种方式构成热水回路提供热水:

1) 将冷却水回路切换成热水回路,以吸收器、冷凝器和加热盘管构成热水回路;
2) 热水和冷水采用同一回路,以蒸发器和加热盘管构成热水回路;
3) 专设热水回路,以热水器和加热盘管构成专用的热水回路。

(一) 将冷却水回路切换成热水回路的直燃型冷热水机组

在这种冷热水机组中,空调器中心的冷却盘管兼用作加热盘管,冷却水泵兼用作热水泵。可以通过切换阀实现工况的变换,交替地制取冷水和热水,夏季制冷水供空调用,冬季

制热水供采暖用。图 5-18 为冷却水回路切换成热水回路的机组工作原理图。

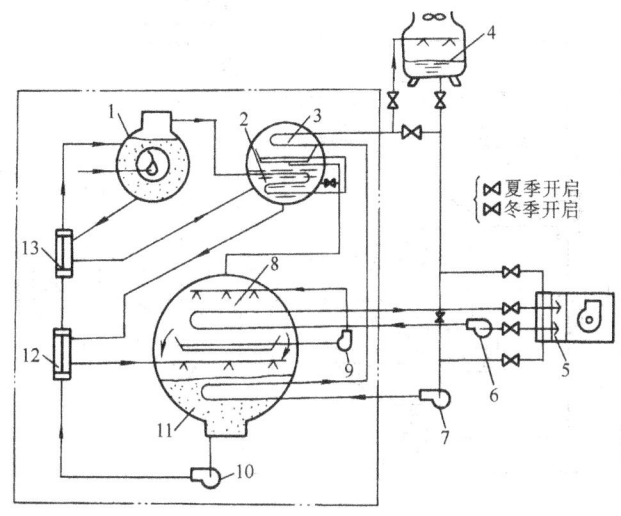

图 5-18 冷却水回路切换成热水回路的机组工作原理图
1—高压发生器 2—低压发生器 3—冷凝器 4—冷却塔 5—空调器或风机盘管
6—冷水泵 7—冷却水泵 8—蒸发器 9—冷剂泵 10—溶液泵
11—吸收器 12—低温热交换器 13—高温热交换器

机组以高温的烟气为高压发生器的热源。溶液在高压发生器、低压发生器和吸收器之间串联循环流动，制冷水时，蒸发器和冷却盘管构成的冷水回路向空调环境提供冷量。同时，通过冷却水回路向大气环境排放空调热负荷和吸收式制冷循环的补偿热能。制热水时，吸收器、冷凝器与冷却塔脱开，和加热盘管连接，即将冷却水回路切换成热水回路向采暖环境提供热量。同时，冷却水回路和冷水回路停止工作。从低压发生器流出的溶液，被来自冷凝器的冷剂水稀释后，喷淋在吸收器管簇上降温放热，管内的热水吸收溶液的热量而升温，实现第一次加热。来自低压发生器的冷剂蒸汽在冷凝器管簇上冷凝放热，管内的热水吸收冷剂蒸汽的潜热而升温，实现第二次加热。二次升温后的热水送至加热盘管供采暖使用。从冷凝器流出的冷剂水流入低压发生器完成溶液的稀释过程。机组的工况变换是通过机组外部冷却水回路和热水回路的切换，冷水回路的启停以及机组内部冷剂泵的启停和冷热切换阀的开关来实现的。这种机组的外部接管较复杂，阀门切换较多，因此，目前多数厂家采用将冷水回路切换成热水回路的结构。

（二）热水和冷水采用同一回路的直燃型冷热水机组

在机组中，空调器中冷却盘管兼用作加热盘管，冷水泵兼用作热水泵，制热水时，热水在原来的冷水回路中流动。这样，热水和冷水采用同一回路，可以通过工况的变换交替地制取冷水和热水。

图 5-19 为热水和冷水采用同一回路的机组工作原理图。

制冷水时，其工作原理与上述机组相同。制热水时，冷水回路为热水回路，向采暖环境提供热量。同时，冷却水回路和低压发生器则停止工作。从高压发生器流出的冷剂蒸汽在蒸发器管簇上冷凝放热，管内的热水被加热而升温。在蒸发器中冷凝的冷剂水流入吸收器使浓溶液稀释成溶液，完成溶液的循环。机组的工况变换是通过高压发生器的冷剂蒸汽通向蒸发器的阀门切换，以及蒸发器的液囊与吸收器相连通来实现的。与热水和冷却水采用同一回路的机组相比，这种变换比较简便，机组结构也比较紧凑。

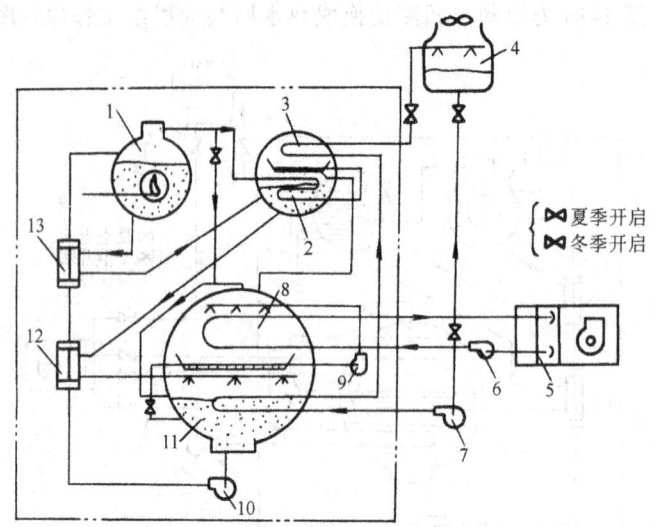

图 5-19 热水和冷水采用同一回路的机组工作原理图
1—高压发生器 2—低压发生器 3—冷凝器 4—冷却塔 5—空调器或风机盘管
6—冷水或热水泵 7—冷却水泵 8—蒸发器 9—冷剂泵 10—溶液泵
11—吸收器 12—低温热交换器 13—高温热交换器

（三）专设热水回路的直燃型冷热水机组

与上述两种类型机组不同的是在机组中专设热水器、加热盘管和热水泵构成专用的热水回路，向采暖环境提供热量或制取生活用水。这样，可以同时制取冷水和热水，也可以通过工况的变换交替地制取冷水和热水。

1. 同时制取冷水和热水的直燃型冷热水机组

图 5-20 为同时制取冷水和热水的机组工作原理图。

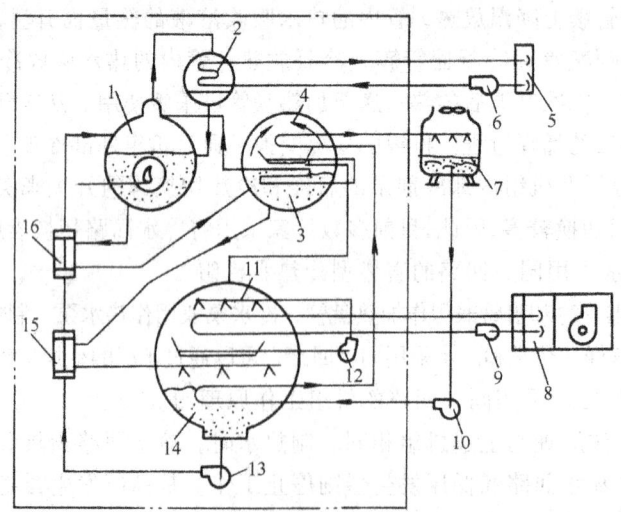

图 5-20 同时制取冷水和热水的机组工作原理图
1—高压发生器 2—热水器 3—低压发生器 4—冷凝器 5—加热盘管 6—热水泵
7—冷却塔 8—空调器或风机盘管 9—冷水泵 10—冷却水泵 11—蒸发器 12—冷剂泵
13—溶液泵 14—吸收器 15—低温热交换器 16—高温热交换器

高压发生器流出的冷剂蒸汽分成二路：一路用于制冷水，其工作原理与上述机组相同；另一路用于制热水，在热水器管簇上冷凝放热，管内的热水被加热而升温。冷凝后的冷剂水依靠位差自动返回高压发生器，保持高压发生器中恒定的含量。这种型式的优点是运转简便。缺点是多设置了一只热水器，提高了制造成本，增加了体积和尺寸。

在这种类型的机组中，高压发生器的容量和能耗比较大，除制冷部分外还要考虑用于制热的部分。因此，还有一种经济型的同时制取冷水和热水的机组如图5-21所示。

在机组中，热水器中流出的冷剂水不是返回高压发生器稀释溶液，而是进入冷凝器用于制冷。这样，就可减小高压发生器的容量和能耗。

2. 交替地制取冷水和热水的直燃型冷热水机组

图5-22为交替地制取冷水和热水的机组工作原理图。

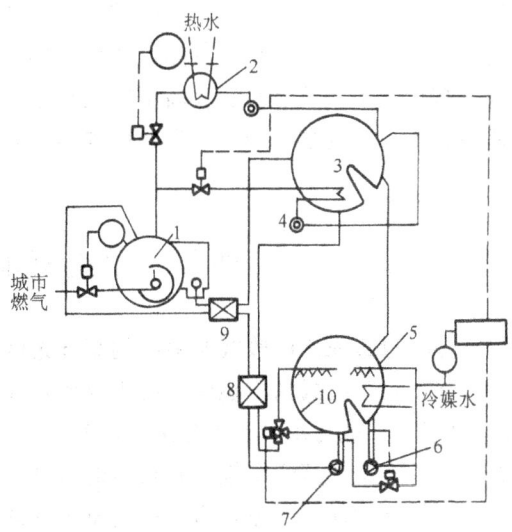

图 5-21　同时制取冷水和热水的
经济型机组工作原理图
1—高压发生器　2—热水器　3—低压发生器
4—冷凝器　5—蒸发器　6—冷剂泵　7—溶液泵
8—低温热交换器　9—高温热交换器　10—吸收器

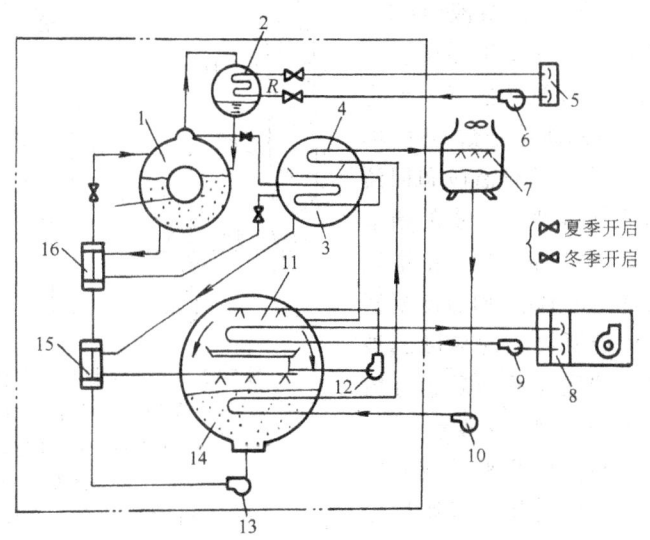

图 5-22　交替地制取冷水和热水的机组工作原理图
1—高压发生器　2—热水器　3—低压发生器　4—冷凝器
5—加热盘管　6—热水泵　7—冷却塔　8—空调器或风机盘管
9—冷水泵　10—冷却水泵　11—蒸发器　12—冷剂泵　13—溶液泵
14—吸收器　15—低温热交换器　16—高温热交换器

制冷水时，其工作原理与上述机组相同；制热水时，高压发生器和热水回路投入工作，机组的其他部分则停止工作。热水器内冷凝后的冷剂水依靠位差自动返回高压发生器，保持高压发生器中恒定的含量。工况的变换是通过机组制冷部分的开启和停用实现的。这种形式的优点是运转简便,在制取热水时机组的溶液泵与冷剂泵不工作,有利于延长使用寿命。缺点是多设置了一只热水器提高了制造成本,外部接管较复杂。同时随着热水器中热水温度的提高,高压发生器中的压力亦相应提高,若压力值超过1个大气压,则是直燃式冷热水机组的安全运转所不允许的。

第四节　单级氨水吸收式制冷机的循环

一、单级氨水吸收式制冷机的循环过程

在氨水吸收式制冷机中,由于氨和水在相同压力下的气化温度比较接近(例如在一个标准大气压力,氨与水的沸点分别为 $-33.4℃$ 和 $100℃$,两者仅相差 $133.4℃$),因而对氨水溶液加热时,产生的蒸气中也含有较多的水分。氨蒸气质量分数的高低直接影响到整个装置的经济性和设备的使用寿命。为了提高氨蒸气的质量分数,必须进行精馏。实际上,精馏过程是在精馏塔设备内进行的。精馏塔进料口以下发生热、质交换的区域叫提馏段,进料口以上发生热、质交换的区域叫精馏段。精馏塔还有一个发生器(又称再沸器)和回流冷凝器,前者用来加热氨水浓溶液,产生氨和水蒸气,供进一步精馏用;后者用来产生回流液,也供精馏过程使用。

图 5-23 为单级氨水吸收式制冷机的流程图。

质量分数为 ξ'_r: f kg 的浓溶液(点 1a)进入精馏塔,在精馏塔内的发生器中被加热,吸收热量 q_h 后,部分溶液蒸发,产生的蒸气经过提馏段,得到质量分数为 ξ''_d 的氨蒸气 $(1+R)$ kg,随后经过精馏段和回流冷凝器,使上升的蒸气得到进一步的精馏和分凝,质量分数提高到 $\xi_{Ra}(5'')$,由塔顶排出,排出的蒸气质量为 1kg。回流冷凝器中,因冷凝 R kg 回流液所放的热量 q_R 被冷却水带走。在发生器底部得到质量分数为 ξ'_a 的稀溶液 $(f-1)$ kg,用点 2 表示。

从精馏塔 A 塔顶排出的几乎是纯氨的蒸气进入冷凝器 B 中,在等压、等质量分数下冷凝成液体(点 6),冷凝时放出的热

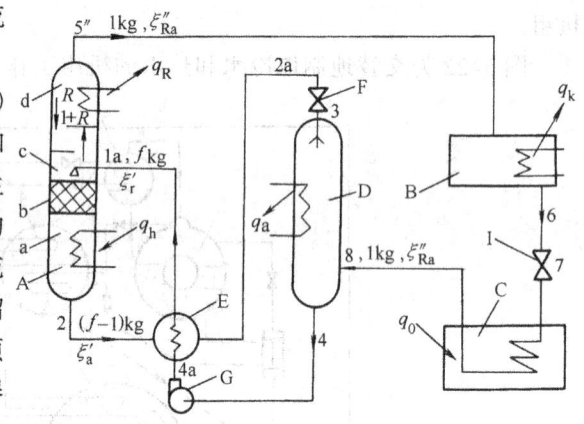

图 5-23　单级氨水吸收式制冷机流程图
A—精馏塔(a—发生器　b—提馏段
c—精馏段　d—回流冷凝器)
B—冷凝器　C—蒸发器　D—吸收器
E—热交换器　F、I—节流阀　G—溶液泵

量 q_k 由冷却水带走。液氨经过节流阀 I,压力由 p_k 降到 p_0,形成湿蒸气(点 7),然后进入蒸发器 C,在蒸发器 C 内,液氨吸收被冷却物体的热量 q_0 而气化,然后由蒸发器 C 排出(点 8)。点 8 的状态可以是湿蒸气,也可以是饱和蒸气,甚至是过热蒸气,它取决于被冷却物体所要求的温度。

从发生器 a 的底部排出质量分数为 ξ'_a 的 $(f-1)$ kg 稀溶液,经过溶液热交换器 E 后温度降低到点 2a。因为点 2a 状态的压力为 p_h,故溶液为过冷溶液。过冷溶液经过节流阀 F,压

力由 p_h 降到 p_a(即 p_0)，状态由点 3 表示，然后进入吸收器 D，吸收由蒸发器产生的 1kg 蒸气，形成了 $f$kg、质量分数为 ξ' 的浓溶液(点 4)，吸收过程中放出的热量 q_a 被冷却水带走。点 4 状态的浓溶液经溶液泵 G 升压，压力由 p_a 提高到 p_h(点 4a)，再经液热交换器 E 加热，温度升高到状态点 1a，最后从精馏塔 A 的进料口进入精馏塔，循环又重复进行。

二、循环过程在 h-ξ 图上的表示

上述系统的工作过程可在氨水溶液的 i-ξ 图中表示，如图 5-24 所示。图中点号与图 5-23 相对应。

假定进入精馏塔内的状态为 1a，质量分数为 ξ'_r 的浓溶液位于饱和液体线 p_k 的下方(忽略发生器与冷凝器之间的压力损失，认为 $p_h = p_k$)，即处于过冷状态。溶液经过提馏段到发生器，一路上与发生器中产生的氨蒸气进行热、质交换，首先消除过冷，使浓溶液达到饱和状态 1，随后在发生器中被加热。随着温度的升高，溶液在等压条件下不断蒸发，质量分数逐渐变稀，到离开精馏塔底部时质量分数变为 ξ'_a，温度为 t_2，用点 2 表示。发生开始的蒸气状态和发生终了时的蒸气状态分别用点 1″ 和 2″ 表示，它们分别与质量分数为 ξ'_r 和 ξ'_a 的沸腾状态的溶液相平衡。因此离开发生器的蒸气状态应处于 1″ 和 2″ 之间，假定为状态 3″，质量分数为 ξ''_{cm}。经过提馏段时，与质量分数为 ξ'_r 的浓溶液进行热、质交换，理想情况下，出提馏段的蒸气质量分数应与进料口处浓溶液 ξ'_r 的平衡蒸气 1″ 相对

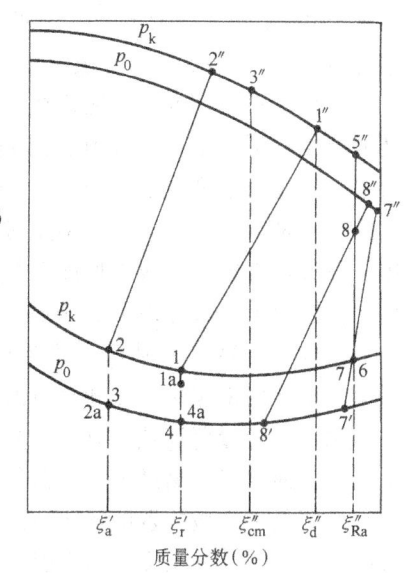

图 5-24 氨水吸收式制冷机工作过程在 h-ξ 图上的表示

应，即氨蒸气的质量分数由 ξ''_{cm} 提高到 ξ''_d，再经过精馏段和回流冷凝器，与从回流冷凝器冷凝下来的回流液进行热、质交换，蒸气的质量分数进一步提高，温度降低，离开塔顶时，质量分数为 ξ''_{ra}，用点 5″ 表示。回流液在回流过程中，质量分数逐渐降低，理想情况下，离开精馏塔最底下一块塔板时，质量分数应与进料口浓溶液的质量分数 ξ'_r 相同。

质量分数为 ξ''_{Ra} 的饱和氨蒸气离开塔顶后进入冷凝器，在等压、等质量分数条件下冷凝成饱和液体，用点 6 表示(冷凝后的液体也可达到冷凝压力 p_k 下的过冷状态,视冷却水的温度和冷凝器的结构而定)，然后经过节流阀绝热节流到状态 7。由于节流前、后的焓值与质量分数均未发生变化，故在 h-ξ 图上点 6 与点 7 是重合的，但正像本章中已经指出的那样，这两点代表的状态是不相同的，点 6 表示冷凝压力 p_k 下的饱和液体，点 7 表示蒸发压力 p_0 下的湿蒸气，它是由饱和液体(点 7′) 和饱和蒸气(7″) 所组成。节流后的干度为 $x = \overline{7、7'、7''}$，温度可由试凑法确定，即首先在饱和蒸气压力液线上假定某一温度 t_7(点 7′)，通过辅助压力线找到相应压力下饱和蒸气状态点 7″，连 7′、7″，如果该线正好通过点 7，假定的温度 t_7 即为节流后的温度，否则，重新假定 t_7，直到 7′、7″ 通过点 7 为止。节流后的湿蒸气进入蒸发器，在等压、等质量分数下蒸发至状态点 8。点 8 一般仍处于湿蒸气状态，由点 8′ 的饱和液体和点 8″ 的饱和蒸气组成。它的温度同样可用试凑法求出。

由发生器引出状态为点 2 的稀溶液，经过溶液热交换器，被冷却到 p_k 压力下的过冷状态 2a(假定 2a 正好处于蒸发压力 p_0 的饱和液线上)，再经节流阀节流到状态 3，然后进入吸

收器。同样，节流前、后的状态点 2a 和 3 在 h-ξ 图上是重合的，但代表的状态不同。在吸收器中，如果忽略蒸发器和吸收器之间的压力损失，吸收过程是在 p_0 等压条件进行的，状态为 3 的饱和稀溶液吸收由蒸发器出来的蒸气(点 8)，沿等压线质量分数逐渐变浓，吸收终了时质量分数达到 ξ'_r，用点 4 表示。点 4 状态的浓溶液经过溶液泵后，压力由 p_0 升高到 p_k，用点 4a 表示。如果忽略因溶液泵对浓溶液作功而引起的温度变化，则点 4 与点 4a 重合，点 4a 表示 p_k 压力下的过冷液体。过冷液体经过溶液热交换器，在质量分数不变的情况下温度升高，用状态点 1a 表示，最后再进入精馏塔的进料口，循环重新开始。

应该特别强调的是，无论在冷凝过程还是蒸发过程中，尽管是在定压下发生相变，但溶液的温度都不是定值。从图 5-24 可以看出，冷凝过程中，溶液的温度由 $t_{5'}$ 降至 t_6；蒸发过程中，溶液的温度由 t_7 升至 t_8，这与单一组分工质在等压下相变时温度不发生变化是不相同的。这是因为当压力保持不变时，随着冷凝或蒸发过程的进行，溶液的质量分数在不断变化。冷凝过程中，溶液中低沸点组分(氨)越来越多，因此饱和温度越来越低；相反，蒸发过程中，溶液中低沸点组分越来越少，故饱和温度逐渐升高。出蒸发器时的湿蒸气的干度越大，最终蒸发温度 t_0 越高，甚至有可能超过被冷却介质允许的温度。因此，可以通过控制湿蒸气的干度来满足被冷却介质温度的要求。

系统中设置溶液热交换器，能明显地提高整个装置的经济性。通过溶液内部进行热交换，一方面可以提高进入发生器的浓溶液的温度，减少发生器中加热蒸气的消耗量，另一方面可以降低进入吸收器的稀溶液的温度，从而减少吸收器中冷却水的消耗量，并增强溶液的吸收效果。溶液在热交换器中温度的变化，与热交换器传热表面积的大小有关。稀溶液的温度变化将大于浓溶液的温度变化。因为稀溶液的流量 $(f-1)$kg 小于溶液的流量 f kg，而它们的比热容相差不大。

第六章　其他制冷方式简介

第一节　热电制冷

一、半导体制冷的工作原理

热电制冷(亦称为温差电制冷、半导体制冷或电子制冷)是以温差电现象为基础的制冷方法，它是利用"塞贝克效应"的逆效应——珀尔帖效应的原理达到制冷的目的。

所谓塞贝克效应就是在两种不同金属组成的闭合线路中，如果保持两接触点的温度不同，就会在两接触点间产生一个电势差——接触电动势。同时闭合线路中就有电流流过，称为温差电流。反之，在两种不同金属组成的闭合线路中，若通以直流电，就会使一个接点变冷，一个变热。这种现象称为珀尔帖效应，亦称温差电现象。

由于半导体材料内部结构的特点，决定了它产生的温差电现象比其他金属要显著得多。所以热电制冷都应用半导体材料，故亦称半导体制冷。

热电偶由一块电子型(N型)半导体和一块空穴型(P型)半导体联结成的电偶，电偶之间用金属片(又称汇流条)相连，如图6-1所示。

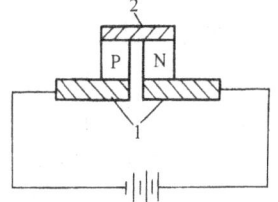

图6-1　基本热电偶

接通电流后，金属片2从外界吸热，金属片1向外界放热。其原因是N型半导体中的电子由负极流向正极，P型半导体中的空穴由正极流向负极。电子和空穴均称为载流子，它们在半导体中的势能，大于在金属中的势能，因此当载流子流过结点(金属和半导体的联结点)时，必然会引起能量的传递。当载流子由较高势能变为较低势能时，向外界放出热量；当载流子由较低势能变为较高势能时，必须吸收外界热量。根据这一原理，当接通电源后，空穴从金属片2流入P型半导体时，势能提高，从金属片2中吸取热量，降低了结点处金属片2的温度；当空穴从P型半导体进入金属片1时，因势能下降而放出热量，使金属片1和P型半导体结合处温度升高。同理，当电子从金属片2流入N型半导体时，因势能提高，需从金属片2中吸取热量；当电子从N型半导体流入金属片1时，因势能降低，放出热量。由于电子和空穴移动时，均使金属片2降温，因而形成冷端；金属片1升温，因而形成热端。冷端向被冷却空间(或物体)吸热，达到制冷的目的；热端向环境介质(空气或水)排热。当改变电源的正负极方向时，电子和空穴的流动方向也发生改变，冷端和热端的位置也相应发生变化。

一对半导体热电偶的制冷量是很小的，为了获得较大的制冷量需将很多对半导体电偶对串联组成热电堆，称单级热电堆，如图6-2所示。

单级热电堆产生的最大温差(此时制冷量为零)大约只有

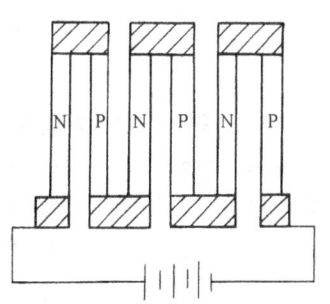

图6-2　单级热电堆

50℃左右。为了获取更低的温度或更大温差，可采用多级热电堆，前一级（较高温度级）的冷端是后一级的热端的散热器。由于散热量大于制冷量，所以高温级的热电偶数要比低温级的热电偶数多许多。此外，温度越低，元件的温差电性能越差。总的温差并不是随级数的增多而按比例提高，所以实际上的热电堆级数也不宜很多，一般为2～4级。二级热电堆总温差可达70℃左右，三级热电堆总温差可达90℃左右。

多级热电堆的联结可分为串联、并联及串并联三种，如图6-3所示。串联多级热电堆，每一级工作电流相同，级与级之间具有良好的电绝缘导热层；并联多级热电堆，工作电流大，但级与级之间不必加电绝缘层。

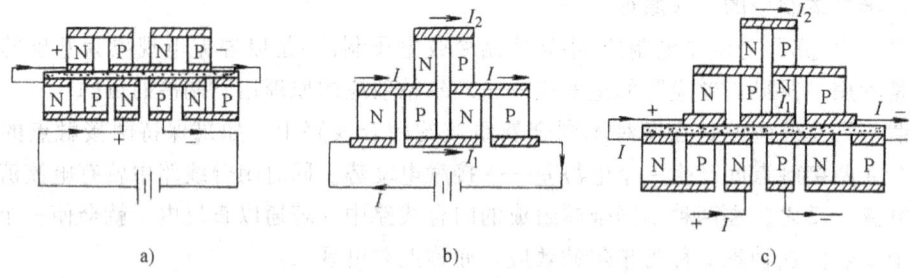

图6-3 多级热电堆

二、半导体制冷的特点

半导体制冷设备是靠空穴和电子在运动中直接传递能量来实现的，它与现行的压缩式与吸收式制冷机比较有其独特之处。其主要特点表现为：

1）半导体制冷不用制冷剂，故无泄漏，无污染，清洁卫生。
2）半导体制冷无机械传动部分，因此无噪声，无磨损，寿命长，可靠性高，维修方便。
3）冷却速度和制冷温度可通过改变工作电流的大小任意调节，灵活性很大。
4）可用改变电流极性来达到冷热端互换的目的，故用于高低温恒温器有独到之处。
5）目前半导体制冷的制冷量较小，效率较低，单位制冷量的能耗大，成本高。

由于半导体制冷具有上述一系列特点，在某些场合（如小冷量、小体积的情况下）显示出它的优越性，已成为现代制冷技术的一个重要组成部分。目前半导体制冷技术主要应用于车辆、核潜艇、驱逐舰、深潜器、减压舱、地下建筑等特殊环境下使用的半导体空调、冷藏和降湿装置；各种仪器和设备中使用的小型热电恒温制冷器件；高真空泵上冷阱；工业气体含水量的测定与控制；保存血浆、疫苗、血清、药品等的药用热电冷藏箱与半导体冷冻刀等。

第二节 蒸汽喷射式制冷循环

一、蒸汽喷射式制冷循环基本组成和工作原理

蒸汽喷射式制冷是一种以热能为动力的制冷方式。与溴化锂吸收式制冷机相类似，都是依靠热能而工作的，但蒸汽喷射式制冷机只用单一物质为制冷剂。虽然从理论上谈可应用一般的制冷剂，如氨、氟利昂等，但到目前为止，只有以水为制冷剂的蒸汽喷射式制冷机得到实际应用。当用水为制冷剂时所制取的低温必须在0℃以上，故蒸汽喷射式制冷机目前只用于空调装置或用来制取某些工艺过程需要的冷媒水。

蒸汽喷射式制冷是以高压水蒸汽为工作动力的循环,由正向循环与逆向循环共同组成,在循环中,由锅炉、凝水器(冷凝器)、喷射器、凝水泵组成热动力循环(正向循环);由喷射器、冷凝器、节流器、蒸发器组成制冷循环(逆向循环)。正向循环与逆向循环通过喷射器、冷凝器互相联系。

(一) 蒸汽喷射式制冷循环主要热力设备

1. 锅炉

锅炉是蒸汽喷射式制冷循环的动力设备,在正向循环中锅炉消耗热能,产生压力为 0.198~0.98MPa 的工作蒸汽,以保证完成循环。在工业制冷中也可利用能保证工作压力的工业余汽,以节约能源。在循环中,锅炉产生的高压水蒸汽通过阀件等部件输送到蒸汽喷射式制冷循环的主喷射器和各个辅助喷射器。

2. 蒸汽喷射器

蒸汽喷射器分为主喷射器和辅助喷射器。主喷射器在循环中起到压缩机的作用,即压缩和输送制冷剂的作用。辅助蒸汽喷射器、水喷射器则用以维持制冷装置内各设备的真空度,保证制冷系统正常、高效地工作。

喷射器由喷嘴、混合室及扩压管三部分组成。主喷射器将被引射的蒸汽由 p_0 压缩至 p_k 的过程是依靠气流速度与压力的相互转化来实现的。由热力学分析可知:蒸汽在喷射器内的热力过程包括三个阶段:(1)工作蒸汽的绝热膨胀过程;(2)工作蒸汽与被引射蒸汽的混合过程;(3)混合蒸汽的压缩过程。图 6-4 表示了主喷射器的基本结构和工作蒸汽与被引射蒸汽在主喷射器内压力和流速变化特性。

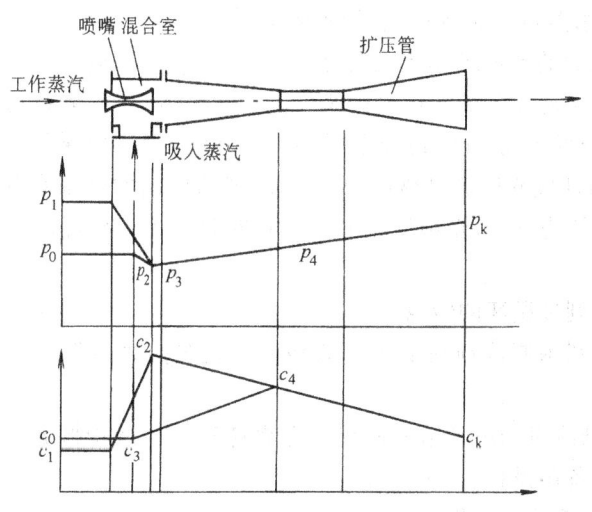

图 6-4 主喷射器结构和蒸汽压力、流速变化特性

图中 p_1、c_1 是工作蒸汽进入喷射器前压力和流速;p_0、c_0 是被引射蒸汽进入混合室前压力和流速;p_3、c_3 是混合时混合蒸汽压力和流速;p_4、c_4 是扩压管后的混合蒸汽压力和流速。

3. 冷凝器

在蒸汽喷射式制冷循环中有主冷凝器和辅助冷凝器。主冷凝器既作为动力循环中向正向循环的低温热源放热的设备,也可作为制冷循环中向逆向循环的高温热源放热的设备。正向循环的低温热源和逆向循环的高温热源都是环境介质。所以主冷凝器的冷凝负荷和冷凝面积是正向、逆向循环的总冷凝负荷和总冷凝面积。蒸汽喷射式制冷循环的主冷凝器采用混合式或蒸发式冷凝器。辅助冷凝器是设置在辅助冷凝器后,冷凝由辅助冷凝器引出的混合气体,分离不凝性气体和制冷剂水蒸汽,以提高循环效率。

4. 凝结水泵

凝结水泵是在正向循环中,将凝结水输送回锅炉的设备。

5. 蒸发器与节流器

在制冷剂和载冷剂合为一体的蒸汽喷射式制冷循环中的蒸发器,一般不采用表面式换热器,而常采用淋洒式(混合式)热交换器,在淋洒式热交换器中蒸发器与节流器组成一体。进入蒸发器的凝结水经喷洒、降压而雾化成细小水滴、经单效或多效淋洒、汽化吸热,将蒸发器内载冷剂水的温度降至所需要求,并输送到用冷设备中向低温热源吸热。

(二) 蒸汽喷射式制冷循环过程

蒸汽喷射式制冷循环工作原理如图 6-5 所示。

蒸汽喷射式制冷循环基本工作过程是:锅炉 A 提供的参数为 p_1、T_1 的高压水蒸汽称为工作蒸汽。工作蒸汽被输送至蒸汽喷射器(主喷射器),在喷嘴 B 中绝热膨胀并迅速降压而获得很大的流速(1000m/s 以上);在蒸发器 E 中由于制取冷量 Q_0 而汽化的水蒸汽被引入喷射器的混合室 C 中,与绝热膨胀后的高速工作蒸汽混合,一同进入扩压管 D。混合蒸汽在扩压管中将速度能转变为压力能而被压缩至相应的冷凝压力 p_k,

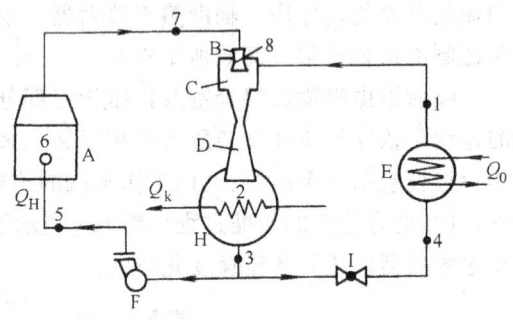

图 6-5 蒸汽喷射式制冷循环原理图
A—锅炉 B—喷嘴 C—混合室 D—扩压管
E—蒸发器 F—凝水泵 H—冷凝器 I—节流器

然后进入冷凝器 H 向环境介质放出热量 Q_k。由冷凝器引出的凝结水分为两路,一路经节流器 I 节流降压至蒸发压力 p_0 后在蒸发器 E 中汽化吸热,另一路经凝水泵 F 送回锅炉继续加热循环。

二、蒸汽喷射式制冷循环的特点

蒸汽喷射式制冷利用制冷剂在低压下的相变汽化吸热来制取冷量,与其他制冷循环相比,具有如下特点:

1) 蒸汽喷射式制冷机的设备结构简单,金属耗量少,造价低廉,运行可靠性高,使用寿命长,一般不需要备用设备。

2) 制冷系统操作简便,维修量少。

3) 蒸汽喷射式制冷循环耗电量少,特别适用于有较多工业余汽的场合,能节约能源。

4) 蒸汽喷射式制冷以水作为制冷剂,根据需要可使制冷剂与载冷剂合为一体,或者采用开式循环形式。由于水具有汽化潜热大,无毒等优越性,所以系统安全可靠。

5) 用水作为制冷剂制取低温时受到水的凝固点的限制。为了获得更低的蒸发温度 t_0,正在研制以氨、氟利昂为制冷剂的蒸气喷射式制冷机。另外将蒸汽喷射器与活塞式制冷压缩机、吸收式制冷压缩机等串联,用以作为低压机,也能获得较低的蒸发温度 t_0。

6) 蒸汽喷射器的加工精度要求较高,循环中的工作蒸汽消耗量较大,制冷循环效率较低。这一切都限制了蒸汽喷射式制冷的实际应用。

三、影响蒸汽喷射式制冷循环的主要因素

在蒸汽喷射式制冷循环中，主喷射器是最主要的热力设备，其特性变化将直接影响制冷循环性能。影响主喷射器性能的因素主要来自与其直接有关的混合蒸汽背压(p_k)特性、工作蒸汽特性和制冷剂蒸汽特性。

（一）混合蒸汽背压(p_k)特性变化对循环的影响

在设计蒸汽喷射式制冷循环中，根据设计条件来确定冷凝压力 p_k 及主喷射器扩压管后混合蒸器背压。实际冷凝压力 p_k 变化，将影响循环的制冷量。由热力学分析可知，当实际背压 p_k 小于等于设计背压 p_{kD}（$p_k \leqslant p_{kD}$）时，循环能按设计制冷剂流量 G_0 和制冷量 Q_0 稳定工作（图6-6中1-2）。当实际背压 p_k 大于设计背压 p_{kD} 时，就需消耗更多工作蒸汽来使被引射的制冷剂蒸汽提高压力值。对于确定的主喷射器，总流量一定，增多工作蒸汽必导致引射制冷剂蒸汽量 G_0 减少，制冷量 Q_0 下降（图6-6中2-3）。当实际背压 p_k 等于极限背压 p_{kL} 时，主喷射器的引射作用完全停止，

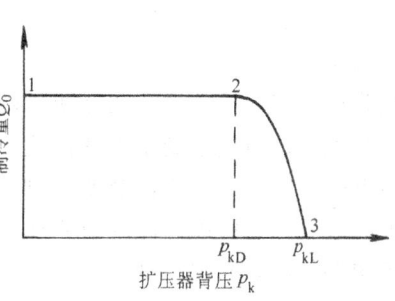

图6-6 喷射器工作特性曲线

引射的制冷剂蒸汽量 $G_0 = 0$，制冷量 $Q_0 = 0$。其至当 $p_k > p_{kL}$ 时，工作蒸汽会通过混合室窜入蒸发器，破坏正常工作。因此在实际循环中应保证混合蒸汽背压 $p_k \leqslant$ 设计背压 p_{kD}，稳定主喷射器的工作条件，尽可能使制冷循环达到最佳工作状态。

（二）工作蒸汽特性变化对循环的影响

实际工作蒸汽的压力、温度、湿度等特性参数变化，将影响循环性能。

1）当蒸发温度 t_0 不变时，工作蒸汽压力 p_1 降低，会使工作蒸汽量 G_H 减少，一方面将使引射制冷剂蒸汽能力降低，循环制冷量 G_0 下降；另一方面将导致设计背压 p_{kD} 随之降低，容易使循环进入不正常工作区，出现 $p_k > p_{kD}$ 的可能性。当工作蒸汽压力 p_1 升高并高于设计压力 p_{1D} 时，工作蒸汽流量 G_H 的增大，并不能使被引射的制冷剂蒸汽通过喷射器的流量 G_0 相应增大，反而会增加冷凝器的热负荷 Q_k。所以实际工程中应维持工作蒸汽压力 p_1 为设计压力 p_{1D}，这对于稳定循环是很重要的。

2）实验表明，当工作蒸汽干度降低时，机组的制冷量显著降低，而湿度过大时，喷嘴的流通截面被凝结水堵塞，将破坏喷射器工作。当采用过热蒸汽时，虽然提高了工作蒸汽的焓降，但蒸汽量的减少不明显，反而增大了冷凝器的热负荷，因此在循环中尽量采用干饱和蒸汽或者干度不低于95%的工作蒸汽。

（三）蒸发温度 t_0 变化对循环的影响

蒸发温度 t_0 的升高致使制冷剂蒸发压力 p_0 升高，在工作蒸汽参数不变时，被引射的制冷剂蒸汽量 G_0 增加，制冷量 Q_0 将增大。由试验可知，在接近设计工况时，蒸发温度 t_0 每升高1℃，制冷量可增加7%～10%左右。因此，为使蒸汽喷射式制冷循环能高效运行，在满足生产工艺要求时，尽可能不降低蒸发温度 t_0；当蒸发温度 t_0 高于设计工况很多时，制冷剂流量增大将受到喷射器固定尺寸的限制，制冷量的增加就不明显。蒸发温度 t_0 降低，则必导致制冷量的降低。

总之，为保证蒸汽喷射式制冷循环高效工作，应避免不良因素，尽可能以接近设计工况工作。

第三节 空气压缩式制冷循环

空气压缩式制冷循环是由两个等压过程和两个等熵过程组成,通常称为布雷顿循环。它通常分为无回热(定压)空气制冷循环和带回热(定压)空气制冷循环。

一、无回热空气制冷循环

图 6-7 示出无回热空气制冷机流程图。空气在冷箱中吸热制冷后被压缩机吸入,压缩到较高压力进入冷却器。空气在冷却器中被冷却介质(水或循环空气)冷却,放出热量 Q_c,温度降低;而后空气进入膨胀机,经历作外功的绝热膨胀过程,使其达到很低的温度,又进入冷箱在低温下吸热制冷。在无回热空气制冷机中,空气连续地经过吸热、压缩、冷却及膨胀过程,就可以在冷箱中保持低温制取冷量。

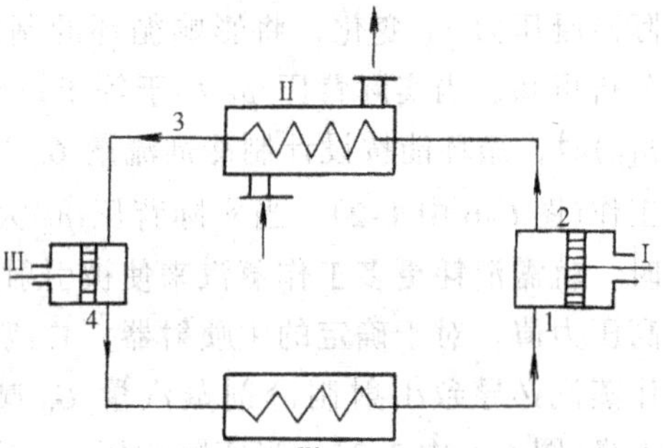

作出下列理想化的假定,即可得出无回热空气制冷机的理论循环:

1) 空气在压缩机与膨胀机中的压缩和膨胀过程都是等熵过程;
2) 空气在冷却器与冷箱的出口端部温差为零;
3) 不计空气在冷却器与冷箱中流动阻力损失。

图 6-7 无回热气体制冷机流程图
Ⅰ—压缩机　Ⅱ—冷却器
Ⅲ—膨胀机　Ⅳ—冷箱

无回热空气制冷机理论循环的 $p\text{-}v$ 图与 $T\text{-}s$ 图如图 6-8 所示。图中 T_0 是冷箱中的制冷温度;T_k 是环境介质温度;1—2 是空气工质在压缩机中的等熵压缩过程;2—3 是在冷却器中的等压冷却过程;3—4 是在膨胀机中等熵膨胀过程;4—1 是在冷箱中的等压吸热过程。

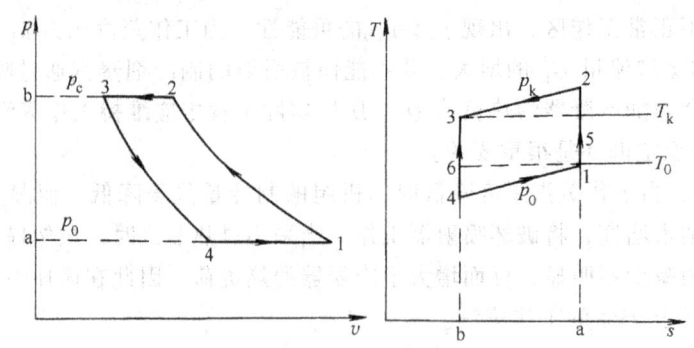

图 6-8 无回热气体制冷机理论循环的 $p\text{-}v$ 图与 $T\text{-}s$ 图

在一次循环中,每 kg 空气在冷却器中放出的热量,即冷却器单位热负荷

$$q_c = h_2 - h_3 = c_p(T_2 - T_3) \tag{6-1}$$

单位制冷,即每 kg 空气在冷箱中的吸热量

$$q_0 = h_1 - h_4 = c_p(T_1 - T_4) \tag{6-2}$$

压缩机消耗的单位功

$$W_c = h_2 - h_1 = c_p(T_2 - T_1) \tag{6-3}$$

膨胀机回收的单位功
$$W_e = h_3 - h_4 = c_p (T_3 - T_4) \tag{6-4}$$
理论循环消耗的单位功
$$W = W_c - W_e = c_p (T_2 - T_1) - c_p (T_3 - T_4) \tag{6-5}$$
理论循环的制冷系数
$$\varepsilon = \frac{q_0}{W} = \frac{c_p (T_1 - T_4)}{c_p (T_2 - T_1) - c_p (T_3 - T_4)} \tag{6-6}$$
若不计比热随温度而引起的变化，则
$$\varepsilon = \frac{T_1 - T_4}{(T_2 - T_1) - (T_3 - T_4)} \tag{6-7}$$
因为1—2和3—4都是绝热过程，故得
$$\frac{T_2}{T_1} = \frac{T_3}{T_4} = \left(\frac{p_k}{p_0}\right)^{\frac{k-1}{k}} \tag{6-8}$$
因此，式(6-7)可简化为
$$\varepsilon = \frac{1}{\left(\frac{p_k}{p_0}\right)^{\frac{k-1}{k}} - 1} = \frac{T_1}{T_2 - T_1} = \frac{T_4}{T_3 - T_4} \tag{6-9}$$

由上式可以看出，无回热空气制冷机理论循环的制冷系数与循环的压力比(p_k/p_0)或压缩机的温度比(T_2/T_1)、膨胀机温度比(T_3/T_4)有关。压力比或温度比越大，循环制冷系数越低，因而为了提高循环的经济性，应采用较小的压力比。

在同温限下逆卡诺循环1—5—3—6—1(图6-8中的T-s图)的制冷系数为：
$$\varepsilon_c = \frac{T_1}{T_3 - T_1} \tag{6-10}$$
因此理论循环的热力完善度(循环效率)为
$$\eta = \frac{\varepsilon}{\varepsilon_c} = \frac{T_1}{T_3 - T_1} \cdot \frac{T_3 - T_1}{T_1} = \frac{T_0 - T_k}{T_2 - T_0} \tag{6-11}$$

显然，由于T_k永远小于T_2，无回热空气制冷机理论循环的制冷系数小于同温限小的逆卡诺循环的制冷系数，即$\varepsilon < \varepsilon_c$。这是因为在$T_k$和$T_0$不变的情况下，无回热空气制冷机理论循环冷却器中的放热过程2—3和冷箱中的吸热过程4—1具有较大的传热温差，因而存在不可逆损失。压力比越大，则传热温差越大，不可逆损失越大，循环的制冷系数越小，循环的热力完善度也就越低。从图6-8的T-s图也可以得出同样的结论。逆卡诺循环的单位制冷量用面积1—a—b—6—1表示，同温限下空气制冷机理论循环单位制冷量用面积1—a—b—4—1表示，显然逆卡诺循环单位制冷量大；而逆卡诺循环消耗的单位功用面积1—5—3—6—1表示，同温限下空气制冷机理论循环消耗的单位功用面积1—2—3—4—1表示，前者比后者小。可以看出，空气制冷机循环的经济性比逆卡诺循环差。

二、带回热空气制冷循环

在讨论无回热空气制冷机的理论循环时得出结论：理论循环制冷系数随压力比p_k/p_0的减小而增大，所以适当降低压力比是合理的。但由于p_0和环境介质温度是一定的，所以也限制了冷箱温度降低的可能性。使用回热原理可以降低膨胀前的空气温度，因而克服了上述缺点，可达到降低压力比的目的。

定压回热空气制冷机循环流程图如 6-9 所示，与图 6-7 所示的无回热空气制冷机比较，这里增加了一个回热器。空气工质经压缩并在冷却器后进入回热器与由冷箱返回的冷气流进行热交换，温度进一步降低，然后进入膨胀机。循环的其余部分与无回热循环完全一样。由于使用了回热器，使压缩机的排气温度提高，膨胀机的进气温度降低，因而循环的工作参数和特性都发生了一些变化。

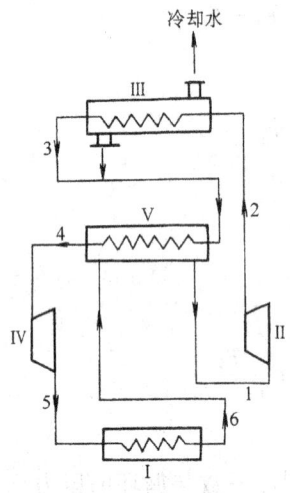

图 6-9 定压回热气体制冷机流程图
Ⅰ—冷箱　Ⅱ—透平压缩机　Ⅲ—冷却器
Ⅳ—透平膨胀机　Ⅴ—回热器

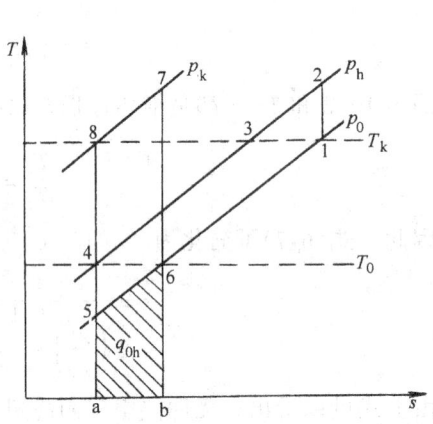

图 6-10 定压回热气体制冷机
理论循环的 $T\text{-}s$ 图

定压回热空气机制冷理论循环的 $T\text{-}s$ 图如图 6-10 中的 1—2—3—4—5—6—1 所示，其中 1—2 和 4—5 是压缩过程和膨胀过程；2—3 和 5—6 是在冷却器中的冷却过程及冷箱中的吸热过程；3—4 和 6—1 是在回热器中的回热过程。作 $T\text{-}s$ 图时我们仍然沿用前面所讲过的三个假定，因而压缩和膨胀过程中是等熵的，其余过程中是等压的，而且 $T_1 = T_3 = T_k$，$T_4 = T_6 = T_0$。在这一循环中 5—6 是制冷过程，单位制冷量用面积 5—6—b—a—5 表示。图 6-10 中还表示出工作于同一温度范围内具有相同单位制冷量的无回热循环 6—7—8—5—6。显然，这两个循环具有相同的工作温度和相等的单位制冷量，但定压回热循环的压力比、单位压缩功和单位膨胀功都比无回热循环的小得多。

定压回热理论循环单位制冷量

$$q_{0h} = c_p (T_6 - T_5) \tag{6-12}$$

冷却器单位热负荷

$$q_{ch} = c_p (T_2 - T_3) \tag{6-13}$$

回热器单位热负荷

$$q_h = c_p (T_3 - T_4) = c_p (T_1 - T_6) \tag{6-14}$$

压缩机消耗的单功

$$W_{ch} = c_p (T_2 - T_1) \tag{6-15}$$

膨胀机的单位功

$$W_{eh} = c_p(T_4 - T_5) \tag{6-16}$$

理论循环消耗的单位功

$$W_h = c_p(T_2 - T_1) - c_p(T_4 - T_5) \tag{6-17}$$

理论循环制冷系数

$$\varepsilon_h = \frac{q_0}{W} = \frac{T_6 - T_5}{(T_2 - T_1) - (T_4 - T_5)} = \frac{1}{\dfrac{T_2 - T_1}{T_4 - T_5} - 1} \tag{6-18}$$

因为

$$\frac{T_2}{T_1} = \frac{T_4}{T_5} = \left(\frac{p_h}{p_0}\right)^{\frac{k-1}{k}}$$

则

$$\frac{T_2 - T_1}{T_4 - T_5} = \frac{T_1\left(\dfrac{T_2}{T_1} - 1\right)}{T_5\left(\dfrac{T_4}{T_5} - 1\right)} = \frac{T_1}{T_5} = \frac{T_2}{T_4} \tag{6-19}$$

将上式代入式(6-18)，则理论循环的制冷系数可表示为

$$\varepsilon_h = \frac{1}{\dfrac{T_1}{T_5} - 1} = \frac{T_5}{T_1 - T_5} = \frac{T_4}{T_2 - T_4} \tag{6-20}$$

比值 T_1/T_5 还可用下式表示

$$\frac{T_1}{T_5} = \frac{T_1}{T_4} \cdot \frac{T_4}{T_5} = x\left(\frac{p_h}{p_0}\right)^{\frac{k-1}{k}}$$

式中

$$x = \frac{T_1}{T_4}$$

因而制冷系数还可表示为

$$\varepsilon_h = \frac{1}{x\left(\dfrac{p_h}{p_0}\right)^{\frac{k-1}{k}} - 1} \tag{6-21}$$

从式(6-21)可以看出，图 6-10 中所示的回热循环 1—2—3—4—5—6—1 与无回热循环 6—7—8—5—6，两者不但具有相同的工作温度范围和相等的单位制冷量，而且理论制冷系数相等。但这并不能说明两种循环是等效的，因为回热循环压力比小，以致压缩机与膨胀机的单位功小，功率也比较小，因而大大地减小压缩过程、膨胀过程和热交换过程的不可逆损失，所以回热循环的实际制冷系数比无回热循环的大。

第四节 混合制冷剂制冷循环

一、混合制冷剂制冷循环的工作原理

混合制冷剂是由两种或两种以上的单制冷剂按一定比例混合而成的制冷剂，可分为共沸

制冷剂（如 R500、R501、R502 等）和非共沸制冷剂（如 R401A、R402A 等）。共沸制冷剂在循环中具有恒定的蒸发温度 t_0、冷凝温度 t_k 和恒定的气、液相组分浓度，共沸溶液制冷剂在制冷机中的特性完全象单组分制冷剂一样，故这一节不作讨论。本节主要讨论非共沸制冷剂。在非共沸制冷剂蒸气压缩式制冷循环中，由于具有可变的蒸发温度 t_0、冷凝温度 t_k 及可变的气、液相组分浓度，表现出与单组分制冷剂制冷循环不同的热力特性。

在实际工程中，制冷机的冷凝器和蒸发器中不可避免地存在着温差传热的不可逆损失。为了减少不可逆传热所引起的能量损失，制冷剂和传热介质之间应保持尽可能小的传热温差。就制冷机的一般工作条件来说，冷却介质及被冷却物体的热容量都不是无穷大，在传热过程中要发生温度变化，不能看作恒温热源。此时，制冷剂的冷凝温度 t_k 应略高于（在极限情况下等于）冷却介质的出口温度，但与冷却介质的进口温度间存在较大的温差。同样，制冷剂的蒸发温度 t_0 同被冷却介质的进口温度也存在较大的温差。因此，对于变温热源来说，若采用恒定蒸发温度 t_0、冷凝温度 t_k 的制冷循环，在同热源的传热过程中存在传热温差，增加了不可逆损失，使循环的工作效率下降。

在这种情况下，如果应用非共沸制冷剂，利用其在等压下蒸发或冷凝时温度不断变化这一特点，使冷却介质及被冷却介质的温度变化始终分别与制冷剂的冷凝温度 t_k 和蒸发温度 t_0 同步，在极限情况下就可以完全实现可逆的循环，减少了传热过程的温差，这种循环称为劳伦兹循环。

劳伦兹循环是由两个可逆等熵过程和两个可逆多变换热过程组成的逆向循环，如图 6-11 所示。

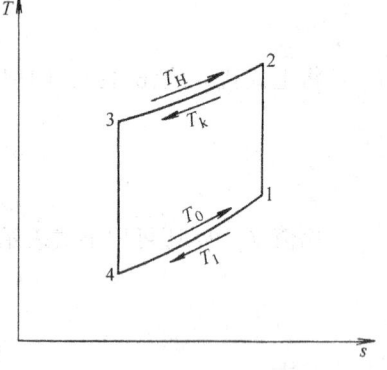

图 6-11 劳伦兹循环

循环中 1—2 为可逆等熵压缩过程；2—3 为传热温差为无限小的向高温热源可逆变温放热过程；3—4 为可逆等熵膨胀过程；4—1 为传热温差为无限小的从低温热源可逆变温吸热过程。显然在循环中，须使蒸发器、冷凝器中制冷剂与被冷却介质、冷却介质完全逆流。这样高温热源由 T_{Hmax} 变化到 T_{Hmin}（$T_{Hmax} \leftrightarrows T_3$、$T_{Hmin} \leftrightarrows T_2$）；低温热源由 T_{Lmax} 降温至 T_{Lmin}（$T_{Lmax} \leftrightarrows T_1$、$T_{Lmin} \leftrightarrows T_4$），整个循环中内外不可逆损耗为零，劳伦兹循环是可逆逆向循环，其制冷系数是相同条件下的所有变温热源逆向循环中最高的。

劳伦兹循环与逆卡诺循环相比，在变温热源情况下，劳伦兹循环的制冷量增大，循环耗功减少，制冷效率较之大为提高。但要实现劳伦兹循环，冷凝器和蒸发器都必须是完全逆流式的。劳伦兹循环与逆卡诺循环一样，在实际工程中是不能实现的。但为变温热源条件下的逆向循环提出了提高循环效率的方向和途径。

采用混合制冷剂的特性，结合逆流式热交换器的采用，可以在热泵装置中实现具有较高供热系数的劳伦兹循环。很多试验表明，在热泵装置中利用混合制冷剂比常规的供热装置能取得显著的节能效果，最高可节能 50%。热泵中常用的混合制冷剂有 R12/R114、R22/R114、R22/R11 以及 R13B1/R152 等。

二、混合制冷剂单级压缩基本制冷循环和特点

（一）混合制冷剂单级压缩基本制冷循环

图 6-12 表示出混合制冷剂单级压缩基本制冷循环的系统简图及 $T\text{-}s$ 图。其工作原理是

1—2 为制冷压缩机的绝热压缩过程；混合制冷剂由蒸发压力 p_0 下的饱和蒸气压缩至冷凝压力 p_k 下的过热蒸气。2—3—4 为等压冷却冷凝过程，在冷凝器中制冷剂与冷却介质互为逆向流动，冷凝温度 t_k 由 T_3 降至 T_4，而冷却介质的温度则相应地升高。4—6 为冷凝后的制冷剂的饱和液体等焓节流至湿蒸气的过程。6—1 为节流后的制冷剂在蒸发压力 p_0 下的等压气化吸热过程，温度由 T_6 升高至 T_1。

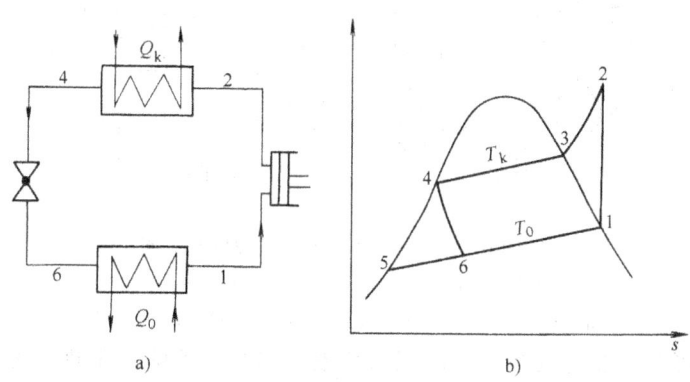

图 6-12　混合制冷剂单级压缩基本循环的系统简图及 T-s 图

从形式上看，混合制冷剂单级压缩基本制冷循环与单组分制冷剂单级压缩制冷循环相同。所不同的是前者在蒸发、冷凝过程中，不仅蒸发温度 t_0、冷凝温度 t_k 发生变化，而且还伴随着不同组分制冷剂在溶液液相、气相中的浓度等物理性质的变化，从而使循环中的各状态点参数的确定及循环性能的分析计算带来一定的难度。

上述单机压缩基本循环，常用于中、高温制冷剂组成的混合制冷剂的制冷设备，如空调、热泵等制冷装置中。因为它们的压力不太高，压比也不大，符合压缩机的使用要求。但在制取低温的混合制冷剂制冷装置中，加入了低温制冷剂，若仍用这种循环可能导致冷凝压力 p_k 过高，压比太大，超过通用压缩机的使用范围。因此需要采用单级压缩分凝循环。

（二）单级压缩单级分凝制冷循环

图 6-13 为用 R12 及 R13 混合制冷剂的单级压缩单级分凝制冷机的系统图。在压缩机 a 中压缩后的混合制冷剂蒸气排到冷凝器 b，在冷凝器 b 中被冷凝的大部分 R12 及少量的 R13 液体进入贮液器 d_1、节流阀 c_1 去蒸发冷凝器 e 中气化吸热成饱和蒸气。在冷凝器 b 中有大部分 R13 及少量 R12 为主的未冷凝的蒸气，由冷凝器上部引入蒸发冷凝器 e，在这里被管内蒸发的液体冷凝。冷凝液体流入贮液器 d_2，然后由 d_2 引出经回热器 f 过冷，节流阀 c_2 节流去蒸发器 g 蒸发制冷，在蒸发器中气化的制冷剂蒸气，经回热器过热与蒸发冷凝器中气化的制冷剂蒸气混合后，回到制冷压缩机继续循环。

由于在循环中，在水冷冷凝器中被冷凝的主要是 R12，而在蒸发器中气化的则主要是 R13。这就使得在普通的冷凝条件下，能够获得较低的蒸发温度 t_0，其蒸发温度 t_0 范围大致相当于应用单组分制冷剂的两级压缩循环，同时蒸发压力 p_0 比一般中温制冷剂高，改善了压缩机的工作条件。

（三）单级压缩两级分凝循环

单级压缩单级分凝循环虽可获得较低的温度，但这种循环的效率还不很高。因此提出了单级压缩多级分凝混合制冷剂循环。这种循环不仅能使一台压缩机实现复叠循环，而且能使

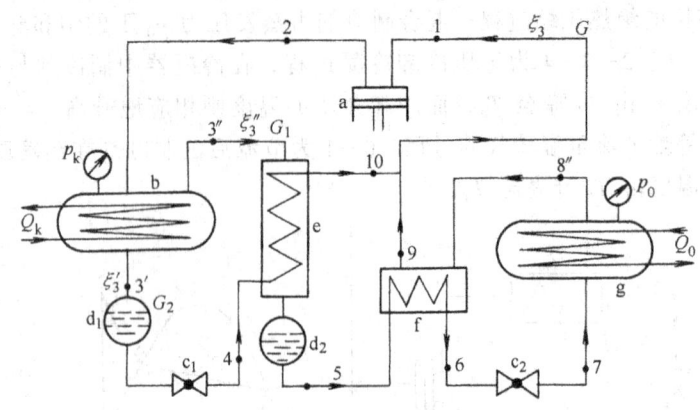

图 6-13 单级压缩单级分凝制冷机系统图
a—制冷压缩机　b—水冷凝器　c_1、c_2—节流器
d_1、d_2—贮液器　e—蒸发冷凝器　f—回热器　g—蒸发器

混合制冷剂的冷凝与蒸发有最合适的温度及焓差,同时也消除了常规复叠式循环的级间损耗,因而效率较高。

图 6-14 为 R12 和 R13 单级压缩两级分凝循环的系统图。系统中设有一个水冷冷凝器 b 及两个蒸发冷凝器 e_1 及 e_2。压缩气体先进入水冷冷凝器 b 中分凝,然后进入分离器 f_1 被分为气体和液体两部分。其中含大量 R12 及少量 R13 的液体经节流阀 c_1 减压降温,进入套管式蒸发冷凝器 e_1 的管间蒸发,用以冷却从 f_1 进入管内的混合气体,并使之分凝。管间蒸发的气体被压缩机吸入,从 f_1 进入管内的气体混合物被引到分离器 f_2。在 f_2 中气液混合物又分为两部分。其中含较多量 R13 及少量 R12 的液体经节流阀 c_2 节流降压,进入 e_2 的管间蒸发,以冷却从 f_2 进入管内的混合气体,管间蒸发的气流经 e_1 而被压缩机吸入;管内冷凝下来的液体已基本上是 R13(含有微量R12),经节流阀 c_3 节流后进入蒸发器 g 蒸发制冷。从蒸发器出来的制冷剂蒸汽经 e_2、e_1 被压缩机吸入继续循环。

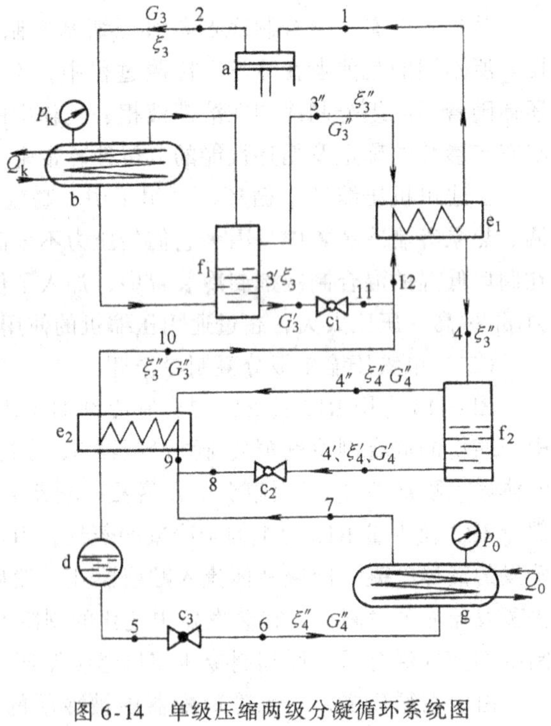

图 6-14 单级压缩两级分凝循环系统图
a—制冷压缩机　b—冷凝器
c_1、c_2、c_3—节流阀　d—贮液器　e_1、e_2—蒸发冷凝器
f_1、f_2—气液分离器　g—蒸发器

(四)混合制冷剂制冷循环的特点

根据以上对制冷循环分析及混合制冷剂的特性,可以归纳出混合制冷剂制冷循环具有以下主要特点:

1)采用混合制冷剂的制冷机比采用单组分制冷剂的制冷机节能,单级压缩获得较低的

蒸发温度 t_0。

2）在循环时冷凝器、蒸发器中的制冷剂与冷却介质、被冷却介质间必须是逆流式的。

3）制冷循环中采用混合制冷剂后，在设计上不需作很大的改动，对单组分制冷剂所确定的一些循环性能指标同样也适用于混合制冷剂。但一般情况下采用混合制冷剂也会使传热系数降低，因而蒸发器和冷凝器的传热面积需要增大。

4）混合制冷剂循环的设备较多，系统的调节比较复杂。另外，混合制冷剂制冷系统在启动时由于制冷剂还未按运转要求恰当分配，系统各部分还不是最理想的浓度比，致使启动困难，且启动后达到稳定运转的周期也较长。

附录 制冷剂的热力性质表

附表1 R717饱和液体及饱和蒸气热力性质表

温度 t /°C	压力 p /kPa	比焓/(kJ/kg)		比熵/[kJ/(kg·K)]		比容/(L/kg)	
		h'	h''	s'	s''	v'	v''
-60	21.86	-69.699	1371.333	-0.10927	6.65138	1.4008	4715.8
-55	30.09	-48.732	1380.388	-0.01209	6.53900	1.4123	3497.5
-50	40.76	-27.489	1387.182	0.08412	6.43263	1.4242	2633.4
-45	54.40	-5.919	1397.887	0.17962	6.33175	1.4364	2010.6
-40	71.59	15.914	1405.887	0.27418	6.23589	1.4490	1555.1
-35	93.00	38.046	1413.754	0.36797	6.14461	1.4619	1217.3
-30	119.36	60.469	1421.262	0.46089	6.0575	1.4753	963.49
-28	131.46	69.517	1424.170	0.49797	6.02374	1.4808	880.04
-26	144.53	77.870	1426.993	0.53483	5.99056	1.4864	805.11
-24	158.63	87.742	1429.762	0.57155	5.95794	1.4920	737.70
-22	173.82	96.916	1432.465	0.60813	5.92587	1.4977	676.97
-20	190.15	106.130	1435.100	0.64458	5.89431	1.5035	622.14
-18	207.07	115.381	1437.665	0.68108	5.86325	1.5093	572.57
-16	226.47	124.668	1440.160	0.71702	5.83268	1.5153	527.68
-14	246.59	133.988	1442.581	0.75300	5.80256	1.5213	486.96
-12	268.10	143.341	1444.929	0.78883	5.77289	1.5274	449.97
-10	291.06	152.723	1447.201	0.82448	5.74365	1.5336	416.32
-9	303.12	157.424	1448.308	0.84224	5.72918	1.5067	400.63
-8	315.56	162.132	1449.396	0.86026	5.71481	1.5399	385.65
-7	328.40	166.846	1450.464	0.87772	5.70054	1.5430	371.35
-6	341.64	171.567	1451.513	0.89526	5.68637	1.5462	357.68
-5	355.31	176.293	1452.541	0.91254	5.67229	1.5495	344.61
-4	369.39	181.025	1453.550	0.93037	5.65831	1.5527	332.12
-3	383.91	185.761	1454.468	0.94785	5.64441	1.5560	320.17
-2	398.88	190.503	1455.505	0.96529	5.63061	1.5593	308.74
-1	414.29	195.249	1456.452	0.98267	5.61689	1.5626	297.74
0	430.17	200.00	1457.739	1.00000	5.60326	1.5660	287.31
1	446.52	204.754	1458.284	1.01728	5.58970	1.5693	277.28
2	463.34	209.512	1459.168	1.03451	5.57642	1.5727	267.66
3	480.66	214.273	1460.031	1.05168	5.56286	1.5762	258.45
4	498.47	219.038	1460.873	1.06880	5.54954	1.5796	249.61
5	516.79	223.805	1461.693	1.08587	5.53630	1.5831	241.14
6	535.63	228.574	1462.492	1.10288	5.52314	1.5866	233.02
7	554.99	233.346	1463.269	1.11966	5.51006	1.5902	225.22

(续)

温度 t /℃	压力 p /kPa	比焓/(kJ/kg)		比熵/[kJ/(kg·K)]		比容/(L/kg)	
		h'	h''	s'	s''	v'	v''
8	574.89	238.119	1464.023	1.13672	5.49705	1.5937	217.74
9	595.34	242.894	1463.757	1.15365	5.48410	1.5973	210.55
10	616.35	247.670	1465.466	1.17034	5.47123	1.6010	203.65
11	637.92	252.447	1466.154	1.18706	5.45842	1.6046	197.02
12	660.07	257.225	1466.820	1.20372	5.44568	1.6083	190.65
13	682.80	262.003	1467.462	1.22032	5.43300	1.6120	184.53
14	706.13	266.781	1468.082	1.23686	5.42039	1.6158	178.64
15	730.07	271.559	1468.680	1.25333	5.40784	1.6196	172.98
16	754.62	276.336	1469.250	1.26974	5.39534	1.6234	167.54
17	779.80	281.113	1469.805	1.28609	5.39291	1.6273	162.30
18	805.62	285.888	1470.332	1.30238	5.37054	1.6311	157.25
19	832.09	290.662	1470.836	1.32660	5.35824	1.6351	152.40
20	859.22	295.435	1471.317	1.33476	5.34595	1.6390	147.72
21	887.01	300.205	1471.774	1.35085	5.33374	1.64301	143.22
22	915.48	304.975	1472.207	1.36687	5.32158	1.64704	138.88
23	944.65	309.741	1472.616	1.38283	5.30948	1.65111	134.69
24	974.52	314.505	1473.001	1.39873	5.29742	1.65522	130.66
25	1005.1	319.266	1473.362	1.41451	5.28541	1.65936	126.78
26	1036.4	324.025	1473.669	1.43031	5.27345	1.66354	123.03
27	1068.4	328.780	1474.011	1.44600	5.26153	1.66776	119.41
28	1101.2	333.532	1474.839	1.46163	5.24966	1.67203	115.92
29	1134.7	338.281	1474.562	1.47718	5.23784	1.67633	112.56
30	1169.0	343.026	1474.801	1.49269	5.22605	1.68068	109.30
31	1204.1	347.767	1475.014	1.50809	5.21431	1.68507	106.17
32	1240.0	352.504	1475.175	1.52345	5.20261	1.68950	103.13
33	1276.7	357.237	1475.366	1.53872	5.19095	1.69398	100.21
34	1314.1	361.966	1475.504	1.55397	5.17932	1.69850	97.376
35	1352.5	366.691	1475.616	1.56908	5.16774	1.70307	94.641
36	1391.6	371.411	1475.703	1.58416	5.15619	1.70769	91.998
37	1431.6	376.127	1475.765	1.59917	5.14467	1.71235	89.442
38	1472.4	380.838	1475.800	1.61411	5.13319	1.71707	86.970
39	1514.1	385.548	1475.810	1.62897	5.12174	1.72183	84.580
40	1556.7	390.247	1475.795	1.64379	5.11032	1.72665	82.266
41	1600.2	394.945	1475.750	1.65852	5.09894	1.73152	80.028
42	1644.6	399.639	1475.681	1.67319	5.08758	1.73644	77.861
43	1689.9	404.320	1475.586	1.68780	5.07625	1.74142	75.764
44	1736.2	409.011	1475.463	1.70234	5.06495	1.74645	73.733
45	1783.4	413.690	1475.314	1.71681	5.05367	1.75154	71.766
46	1831.5	418.366	1475.137	1.73122	5.04242	1.75668	69.860
47	1880.6	423.037	1474.934	1.74556	5.03120	1.76189	68.014
48	1930.7	427.704	1474.703	1.75984	5.01999	1.76716	66.225

(续)

温度 t /℃	压力 p /kPa	比焓/(kJ/kg)		比熵/[kJ/(kg·K)]		比容/(L/kg)	
		h'	h''	s'	s''	v'	v''
49	1981.8	432.267	1474.444	1.77406	5.00881	1.77249	64.491
50	2033.8	437.026	1474.157	1.78821	4.99765	1.77788	62.809
51	2086.9	441.682	1473.840	1.80230	4.98651	1.78334	61.179
52	2141.1	447.334	1473.500	1.81634	4.97539	1.78887	59.598
53	2196.2	450.984	1473.138	1.83031	4.96428	1.79446	58.064
54	2252.5	455.630	1472.728	1.84432	4.95319	1.80013	56.576
55	2309.8	460.274	1472.290	1.85808	4.94212	1.80586	55.132

附表2 R12饱和液体及饱和蒸气热力性质表

温度 t /℃	压力 p /kPa	比焓/(kJ/kg)		比熵/[kJ/(kg·K)]		比容/(L/kg)	
		h'	h''	s'	s''	v'	v''
-60	22.62	146.463	324.236	0.77977	1.61373	0.63689	637.911
-55	29.98	150.808	326.567	0.79990	1.60552	0.64226	491.000
-50	39.15	155.169	328.897	0.81964	1.59810	0.64782	383.105
-45	50.44	159.549	331.223	0.83901	1.59142	0.65355	302.683
-40	64.17	163.948	333.541	0.85805	1.58539	0.65949	241.910
-35	80.71	168.369	335.849	0.86776	1.57996	0.66563	195.398
-30	100.41	172.810	338.143	0.89516	1.57507	0.67200	159.375
-28	109.27	174.593	339.057	0.90244	1.57326	0.67461	147.275
-26	118.72	176.380	339.968	0.90967	1.57152	0.67726	136.284
-24	128.80	178.171	340.876	0.91686	1.56985	0.67996	126.282
-22	139.53	179.965	341.780	0.94400	1.56825	0.68269	117.167
-20	150.93	181.764	342.682	0.93110	1.56672	0.68547	108.847
-18	163.04	183.567	343.580	0.98816	1.56526	0.68829	101.242
-16	175.89	185.374	344.474	0.94518	1.56385	0.69115	94.2788
-14	189.50	187.185	345.365	0.95216	1.56256	0.69407	87.8951
-12	203.90	189.001	346.252	0.95910	1.56121	0.69703	82.0344
-10	219.12	190.822	347.134	0.96601	1.55997	0.70004	76.6464
-9	227.04	191.734	347.574	0.96945	1.55938	0.70157	74.1155
-8	235.19	192.647	348.012	0.97287	1.55897	0.70310	71.6864
-7	243.55	193.562	348.450	0.97629	1.55822	0.70465	69.3543
-6	252.14	194.477	348.886	0.97971	1.55765	0.70622	67.1146
-5	260.96	195.396	349.321	0.98311	1.55710	0.70780	64.9629
-4	270.01	196.313	349.755	0.98650	1.55657	0.70939	62.8952
-3	279.30	197.233	350.187	0.98989	1.55604	0.71099	60.9075
-2	288.82	198.154	350.619	0.99327	1.55552	0.71261	58.9963
-1	298.59	199.076	351.049	0.99664	1.55502	0.71425	57.1579
0	308.61	200.000	351.477	1.00000	1.55452	0.71590	55.3892
1	318.88	200.925	351.905	1.00335	1.55404	0.71756	53.6869

(续)

温度 t /℃	压力 p /kPa	比焓/(kJ/kg)		比熵/[kJ/(kg·K)]		比容/(L/kg)	
		h'	h"	s'	s"	v'	v"
2	329.40	201.852	352.331	1.00670	1.55356	0.71924	52.0481
3	340.19	202.780	352.755	1.01004	1.55310	0.72094	50.4700
4	351.24	203.710	353.179	1.01337	1.55264	0.72265	48.9499
5	263.55	204.642	353.600	1.01670	1.55220	0.72438	47.4853
6	374.14	205.575	354.020	1.02001	1.55176	0.72612	46.0737
7	386.01	206.509	354.439	1.02333	1.55133	0.72788	44.7129
8	398.15	207.445	354.856	1.02663	1.55091	0.72966	43.4006
9	410.58	208.383	355.272	1.02993	1.55055	0.73146	42.1349
10	423.30	209.323	355.686	1.03322	1.55010	0.73326	40.9137
11	436.36	210.264	356.098	1.03650	1.54970	0.73510	39.7352
12	449.62	211.207	356.509	1.03978	1.54931	0.73695	38.5975
13	463.23	212.152	356.918	1.04305	1.54893	0.73882	37.4991
14	477.14	213.099	357.325	1.04632	1.54856	0.74071	36.4382
15	491.37	214.048	357.730	1.04958	1.54819	0.74262	35.4133
16	505.91	214.998	358.134	1.05284	1.54783	0.74455	34.4230
17	520.76	215.951	358.535	1.05609	1.54748	0.74649	33.4658
18	535.94	216.906	358.935	1.05933	1.54713	0.74846	32.5405
19	551.45	217.863	359.333	1.06258	1.54679	0.75045	31.6457
20	567.29	218.821	359.729	1.06581	1.54645	0.75246	30.7802
21	583.47	219.783	360.122	1.06904	1.54612	0.75449	29.9429
22	599.98	220.746	360.514	1.07227	1.54579	0.75655	29.1327
23	616.84	221.712	360.904	1.07549	1.54547	0.75863	28.3485
24	634.05	222.680	361.291	1.07871	1.54515	0.76073	27.5894
25	651.62	223.650	361.676	1.08193	1.54484	0.76286	26.8542
26	669.54	224.623	362.059	1.08514	1.54453	0.76501	26.1422
27	687.824	225.598	362.439	1.08835	1.54423	0.76718	25.4524
28	706.47	226.576	362.817	1.09155	1.54393	0.76938	24.7840
29	725.50	227.557	363.193	1.09475	1.54383	0.77161	24.1362
30	744.90	228.540	363.566	1.09795	1.54334	0.77386	23.5082
31	764.68	229.526	363.937	1.10115	1.54305	0.77614	22.8993
32	784.85	230.515	364.305	1.10434	1.54276	0.77845	22.3088
33	805.41	231.506	364.670	1.10753	1.54247	0.78079	21.7359
34	826.36	232.501	365.033	1.11072	1.54219	0.78316	21.1802
35	847.72	233.498	365.392	1.11391	1.54191	0.78556	20.6408
36	869.48	234.499	365.749	1.11710	1.54163	0.78799	20.1173
37	891.64	235.503	366.103	1.12028	1.54135	0.79045	19.6081
38	914.23	236.510	366.454	1.12347	1.54107	0.79294	19.1156
39	937.23	237.521	366.802	1.12665	1.54079	0.79546	18.6362
40	960.65	238.535	367.146	1.12984	1.54051	0.79802	18.1706
41	984.51	239.522	367.487	1.13302	1.54024	0.80062	17.7182

(续)

温度 t /℃	压力 p /kPa	比焓/(kJ/kg)		比熵/[kJ/(kg·K)]		比容/(L/kg)	
		h'	h''	s'	s''	v'	v''
42	1008.8	240.574	367.825	1.13620	1.53996	0.80325	17.2785
43	1033.5	241.598	368.160	1.13938	1.53968	0.80592	16.8511
44	1058.7	242.627	368.491	1.14257	1.53941	0.80863	16.4356
45	1084.3	243.659	368.818	1.14575	1.53913	0.81137	16.0316
46	1110.4	244.696	369.141	1.14894	1.53885	0.81416	15.6386
47	1136.9	245.736	369.461	1.15213	1.53856	0.81698	15.2563
48	1163.9	246.781	369.777	1.15532	1.53828	0.81985	14.8844
49	1191.4	247.830	370.088	1.15351	1.53799	0.82227	14.5224

附表 3 R22 饱和液体及饱和蒸气热力性质表

温度 t /℃	压力 p /kPa	比焓/(kJ/kg)		比熵/[kJ/(kg·K)]		比容/(L/kg)	
		h'	h''	s'	s''	v'	v''
-60	37.48	134.763	379.114	0.73254	1.87886	0.68208	537.152
-55	49.47	139.830	381.529	0.75599	1.86389	0.68856	414.827
-50	64.39	144.959	383.921	0.77919	1.85000	0.69526	324.557
-45	82.71	150.153	386.262	0.80216	1.83708	0.70219	256.990
-40	104.95	155.414	388.609	0.82490	1.82504	0.70936	205.745
-35	131.68	160.742	390.896	0.84743	1.81380	0.71680	166.400
-30	163.48	166.140	393.138	0.86976	1.80329	0.72452	135.844
-28	177.76	168.318	394.021	0.87864	1.79927	0.72769	125.563
-26	192.99	170.507	394.896	0.88748	1.79535	0.73092	116.214
-24	209.22	172.708	395.762	0.89630	1.79152	0.73420	107.701
-22	226.48	174.919	396.619	0.90509	1.78779	0.73753	99.9362
-20	244.83	177.142	397.467	0.91386	1.78415	0.74091	92.8432
-18	264.29	179.376	398.305	0.92259	1.78059	0.74436	86.3546
-16	284.93	181.622	399.133	0.93129	1.77711	0.74786	80.4103
-14	306.78	183.878	399.951	0.93997	1.77371	0.75143	74.9572
-12	329.89	186.147	400.759	0.94862	1.77039	0.75506	69.9478
-10	354.30	188.426	401.555	0.95725	1.76713	0.75876	65.3399
-9	367.01	189.571	401.949	0.96155	1.76553	0.76063	63.1746
-8	380.06	190.718	402.341	0.96585	1.76394	0.76253	61.0958
-7	393.47	191.868	402.729	0.97014	1.76237	0.76444	59.0996
-6	407.23	193.021	403.114	0.97442	1.76082	0.76636	57.1820
-5	421.35	194.176	403.496	0.97870	1.75928	0.76831	55.3394
-4	435.84	195.355	403.876	0.98297	1.75775	0.77028	33.5682
-3	450.70	196.497	404.252	0.98724	1.75624	0.77226	51.8653
-2	465.94	197.662	404.626	0.99150	1.75475	0.77427	50.2274
-1	481.57	198.828	404.994	0.99575	1.75326	0.77629	48.6517
0	497.59	200.000	405.261	1.00000	1.75279	0.77804	47.1354

(续)

温度 t /℃	压力 p /kPa	比焓/(kJ/kg)		比熵/[kJ/(kg·K)]		比容/(L/kg)	
		h'	h''	s'	s''	v'	v''
1	514.01	201.174	405.724	1.00424	1.75034	0.78041	45.6757
2	540.83	202.351	406.084	1.00848	1.74889	0.78249	44.2702
3	548.06	203.530	406.440	1.01271	1.74746	0.78460	42.9166
4	565.71	204.713	406.793	1.01694	1.74604	0.78673	41.6124
5	583.78	205.889	407.143	1.02116	1.74463	0.78889	40.3556
6	602.28	207.089	407.489	1.02537	1.74324	0.79107	39.1441
7	621.22	208.281	407.831	1.02958	1.74185	0.79327	37.9759
8	640.59	209.477	408.169	1.03379	1.74047	0.79549	36.8493
9	660.42	210.675	408.504	1.03799	1.73911	0.79775	35.7624
10	680.70	221.8773	408.835	1.04218	1.73775	0.80002	34.7136
11	701.44	213.083	409.162	1.04637	1.73640	0.80232	33.7013
12	722.65	214.291	409.485	1.05056	1.73506	0.80465	32.7239
13	744.33	215.503	409.804	1.05474	1.73373	0.80701	31.7801
14	766.50	216.719	410.119	1.05892	1.73241	0.80939	30.8683
15	789.15	217.937	410.430	1.06309	1.73109	0.81180	29.9874
16	812.29	219.160	410.736	1.06726	1.72978	0.81424	29.1361
17	835.93	220.386	411.038	1.07142	1.72848	0.81671	28.3131
18	860.08	221.615	411.336	1.07559	1.72719	0.81922	27.5173
19	884.75	222.848	411.629	1.07974	1.72590	0.82175	26.7477
20	909.93	224.084	411.918	1.08390	1.72462	0.82431	26.0032
21	935.64	225.324	412.202	1.08805	1.72334	0.82691	25.2829
22	961.89	226.568	412.481	1.09220	1.72206	0.82954	24.5857
23	988.67	227.816	412.755	1.09634	1.72080	0.83221	23.9107
24	1016.0	229.068	413.025	1.10048	1.71951	0.83491	23.2572
25	1043.9	220.324	413.289	1.10462	1.71827	0.83765	22.6242
26	1072.3	231.583	413.548	1.10876	1.71701	0.84043	22.0111
27	1101.4	232.847	413.802	1.11299	1.71576	0.84324	21.4169
28	1130.9	234.155	414.050	1.11703	1.71450	0.84610	20.8411
29	1161.1	235.387	414.293	1.12116	1.71325	0.84899	20.2829
30	1191.9	236.664	414.530	1.12530	1.71200	0.85193	19.7417
31	1223.2	237.944	414.762	1.12943	1.71075	0.85491	19.2168
32	1255.2	239.230	414.987	1.13355	1.70950	0.85793	18.7076
33	1287.8	240.520	415.207	1.13768	1.70826	0.86101	18.2135
34	1321.0	241.814	415.420	1.14181	1.70701	0.86412	17.7341
35	1354.8	243.114	415.627	1.14594	1.70576	0.86729	17.2686
36	1389.0	244.418	415.828	1.15007	1.70450	0.87051	16.8168

（续）

温度 t /℃	压力 p /kPa	比焓/(kJ/kg)		比熵/[kJ/(kg·K)]		比容/(L/kg)	
		h'	h''	s'	s''	v'	v''
37	1424.3	245.727	416.021	1.15420	1.70325	0.87378	16.3779
38	1460.1	247.041	416.208	1.15833	1.70199	0.87710	15.9517
39	1496.5	248.361	416.388	1.16246	1.70073	0.88048	15.5375
40	1533.5	249.686	416.561	1.16655	1.69946	0.88392	15.1351
41	1571.2	251.016	416.726	1.17073	1.69819	0.88741	14.7439
42	1609.6	252.352	416.883	1.17486	1.69692	0.89097	14.3636
43	1648.7	253.694	417.033	1.17900	1.69564	0.89459	13.9938
44	1688.5	255.042	417.174	1.18310	1.69435	0.89828	13.6341
45	1729.0	256.396	417.308	1.18730	1.69305	0.90203	13.2841
46	1770.2	257.756	417.432	1.19145	1.69174	0.90586	12.9436
47	1812.1	259.123	417.548	1.19560	1.69043	0.90976	12.6122
48	1854.8	260.497	417.655	1.19977	1.68911	0.91374	12.2895
49	1892.0	261.877	417.752	1.20393	1.68777	0.91779	11.9753

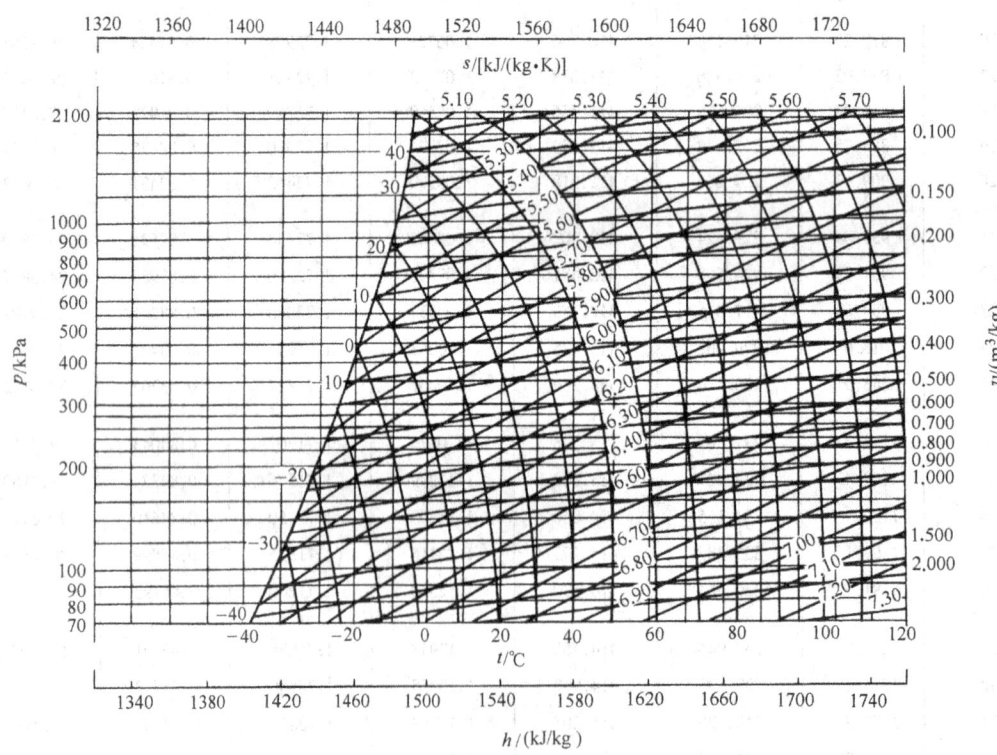

附图1 NH_3 的过热蒸气区的 p-h 图

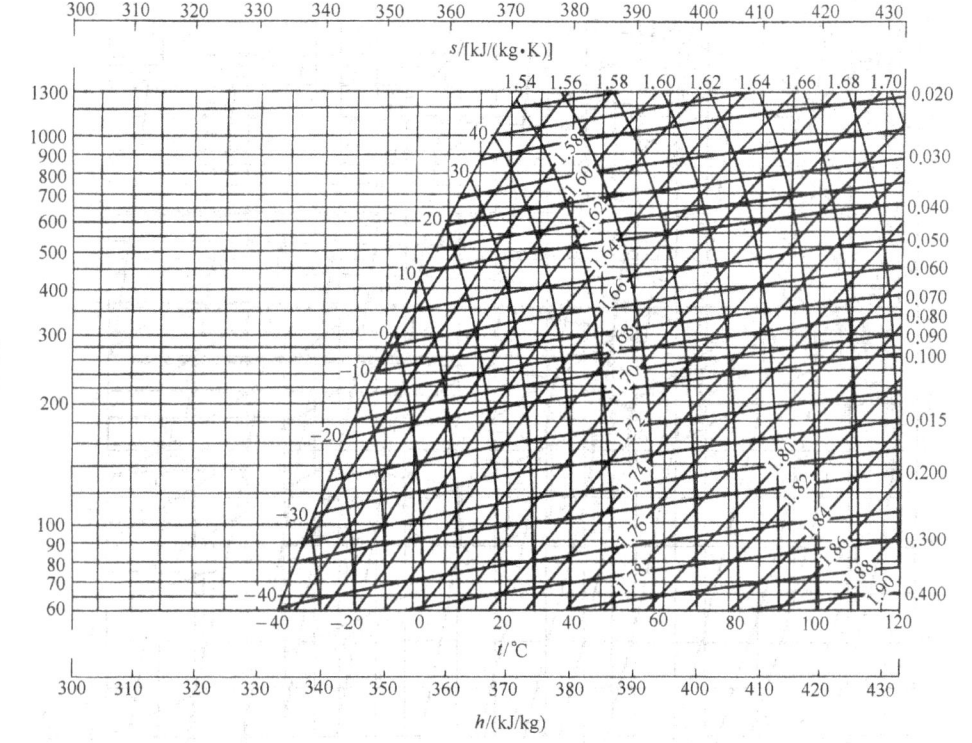

附图 2　R12 的过热蒸气区的 p-h 图

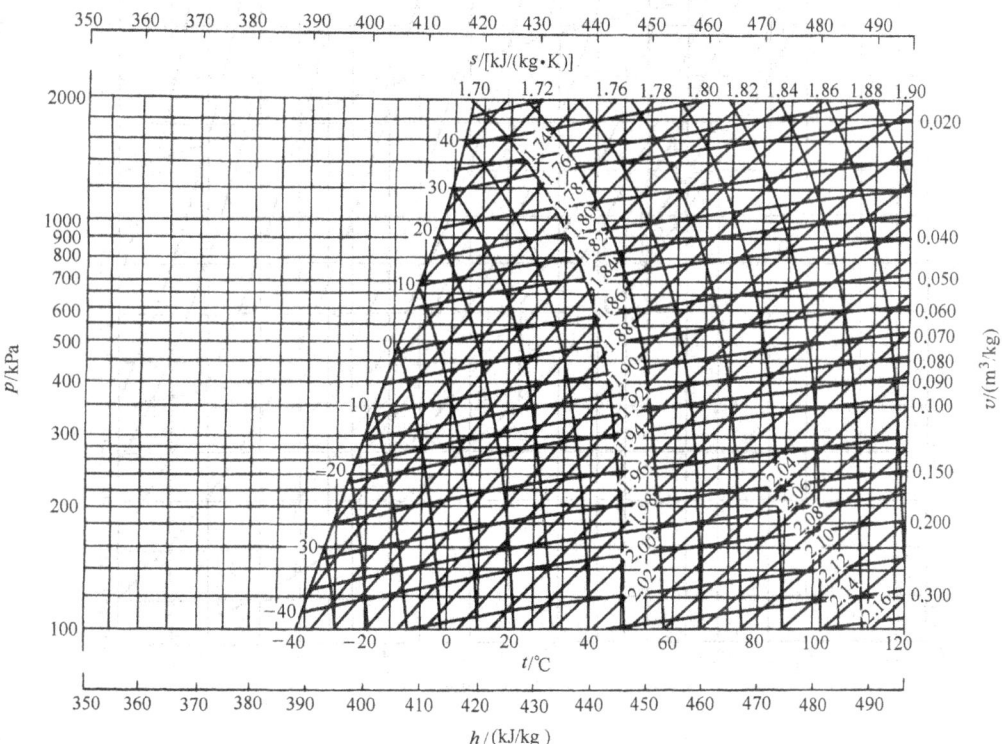

附图 3　R22 的过热蒸气区的 p-h 图

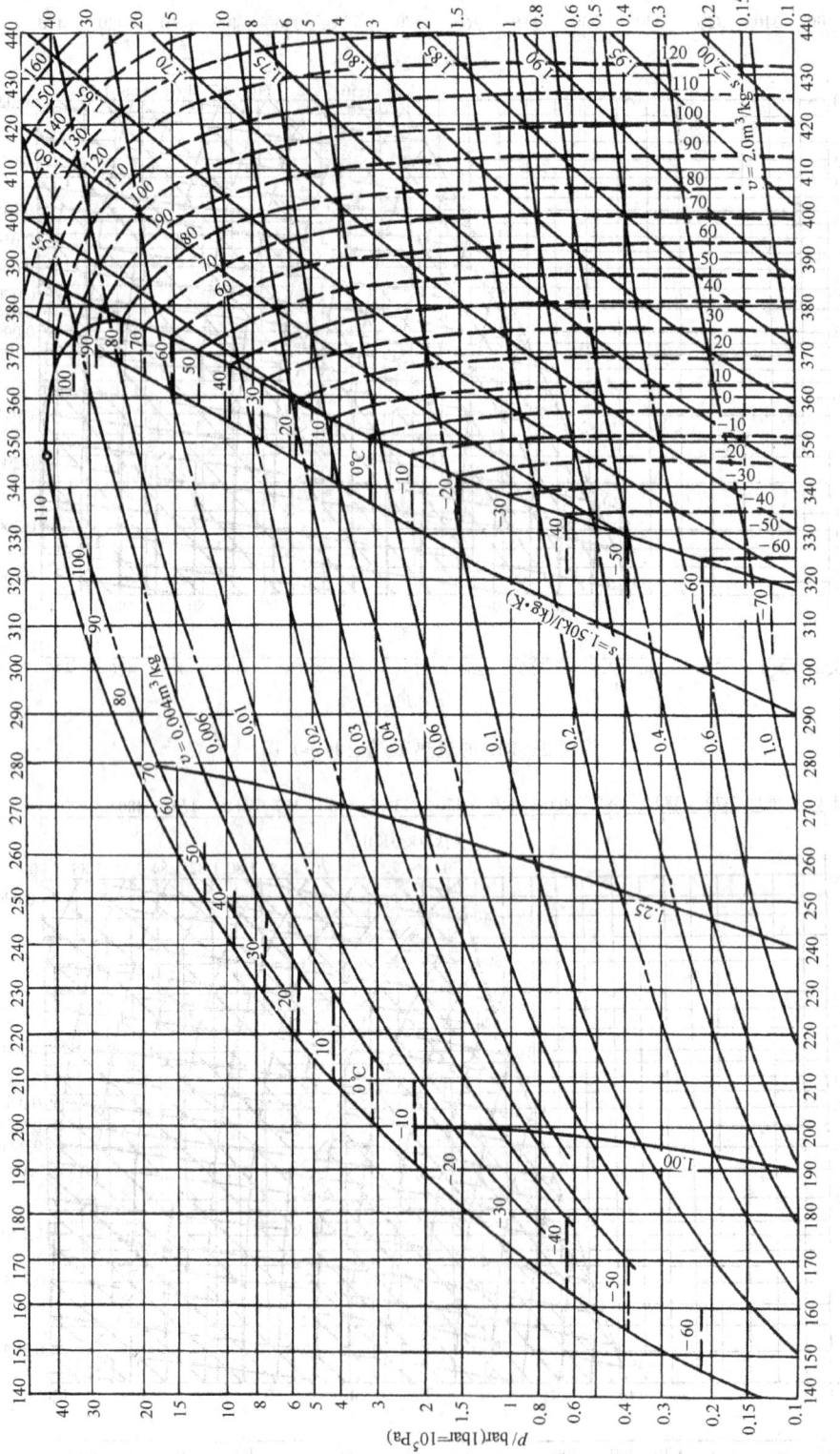

附图 4　R12 的 p-h 图

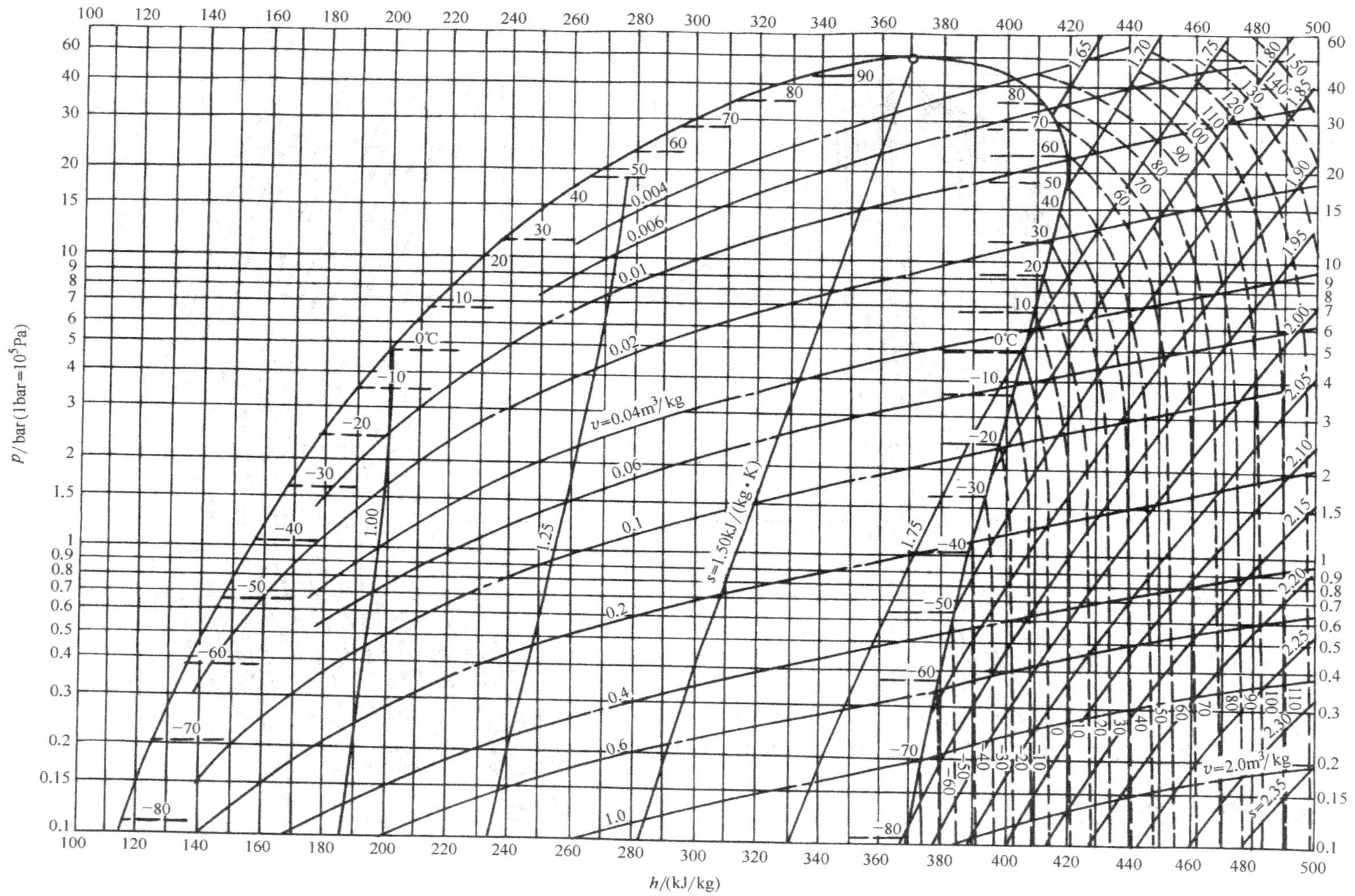

附图 5　R22 的 p-h 图

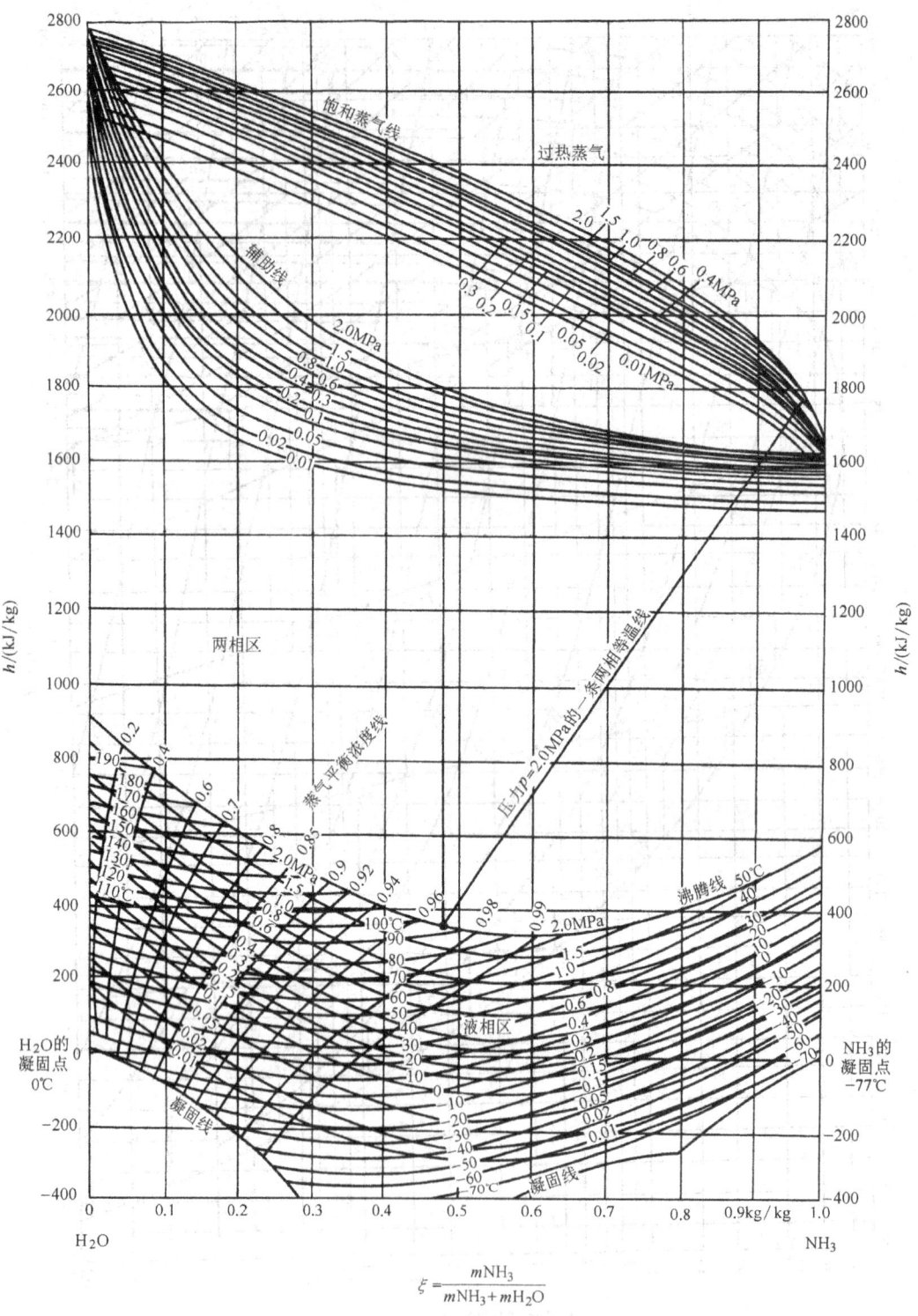

附图6 NH₃-H₂O溶液 h-ξ 图

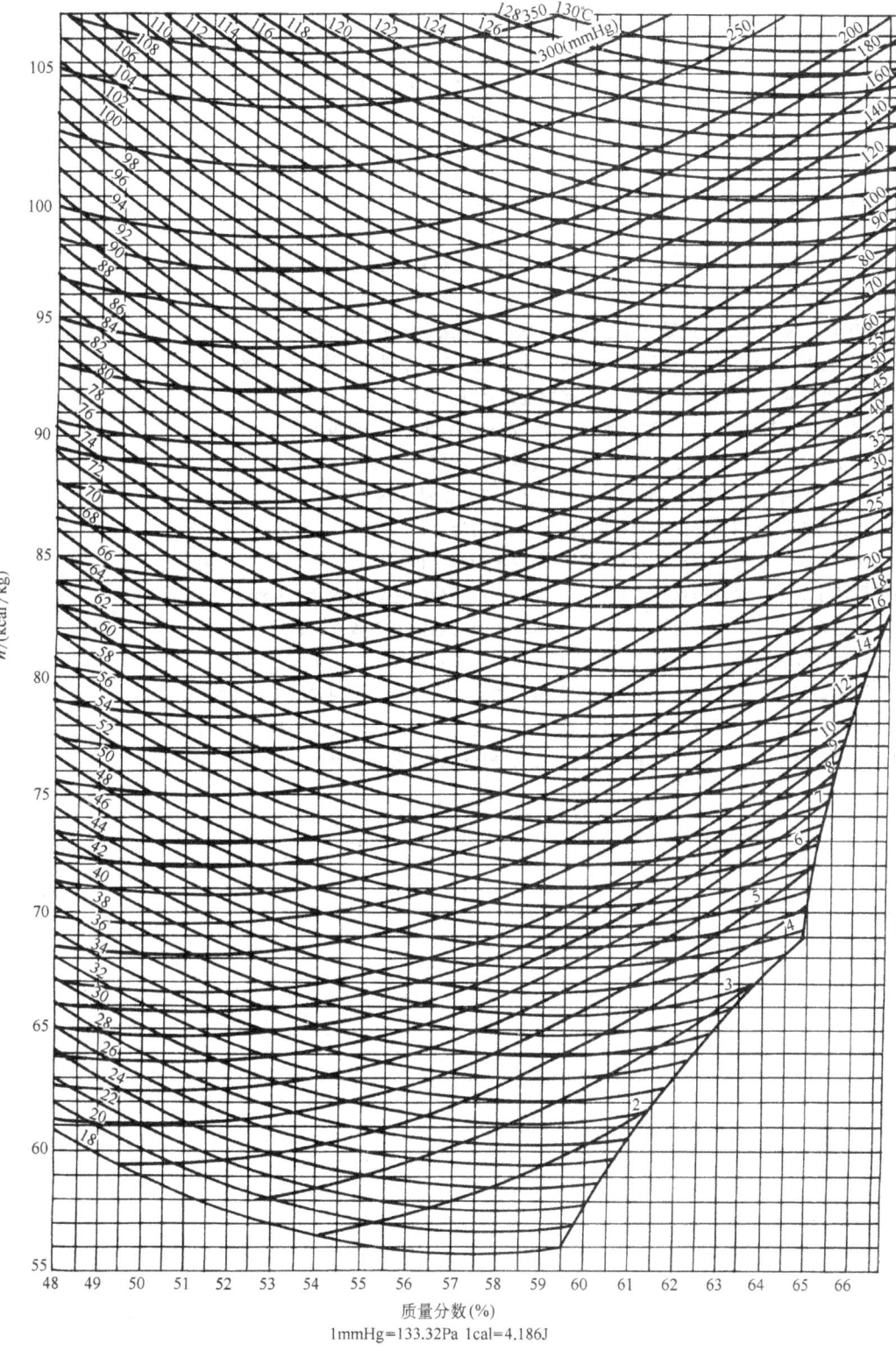

附图7 LiBr-H₂O 溶液 $h\text{-}\xi$ 图

参 考 文 献

1 岳孝方等编．制冷技术与应用．上海：同济大学出版社，1992
2 解焕民编著．制冷技术基础．北京：机械工业出版社，1994
3 张建一编著．制冷装置节能技术．北京：机械工业出版社，1999
4 湖北工业建筑设计院《冷藏库设计》编写组编．冷藏库设计．北京：中国建筑工业出版社，1980
5 李松寿等编著．制冷原理与设备．上海：上海科学技术出版社，1988
6 韩宝琦等编．制冷空调原理及应用．北京：机械工业出版社，1995
7 范际礼等编．制冷空调实用技术手册．沈阳：辽宁科学技术出版社，1995
8 姜守忠等编．制冷原理．北京：中国商业出版社，1995
9 张祉祐编．制冷原理与制冷设备．北京：机械工业出版社，1995
10 张祉祐编．制冷原理与设备．北京：机械工业出版社，1987
11 H. 德里斯等著．制冷装置．北京：机械工业出版社，1987
12 徐世琼编．新编制冷技术问答．北京：农业出版社，1999
13 秦钢等编．空气制冷机．北京：国防工业出版社，1980
14 周邦宁等编．空调用离心式制冷机．北京：中国建筑工业出版社，1988
15 尉迟斌等编．制冷工程技术辞典．上海：上海交通大学出版社，1987
16 茅以惠等编．吸收式和蒸汽喷射式制冷机．北京：机械工业出版社，1985
17 崔文富等编．直燃型溴化锂吸收式制冷工程设计．北京：中国建筑工业出版社，2000
18 何耀东等编．空调用溴化锂吸收式制冷机．北京：中国建筑工业出版社，1996
19 国家环保总局．中国逐步淘汰消耗臭氧层物质国家方案．1999